光尘
LUXOPUS

[美]乔尔·贝斯特 著

么文浩 译

这是真的吗

IS
THAT
TRUE?

CRITICAL THINKING FOR SOCIOLOGISTS

图书在版编目(CIP)数据

这是真的吗 / (美)乔尔·贝斯特著;么文浩译. -- 北京:北京联合出版公司,2022.9
ISBN 978-7-5596-6237-8

Ⅰ.①这… Ⅱ.①乔… ②么… Ⅲ.①思维方法-青年读物 Ⅳ.① B80-49

中国版本图书馆 CIP 数据核字(2022)第 140620 号
北京市版权局著作权合同登记号 图字:01-2022-3201 号

© 2021 by Joel Best
Published by arrangement with University of California Press

这是真的吗

著　者:[美]乔尔·贝斯特
译　者:么文浩
出 品 人:赵红仕
策划编辑:慕　虎
责任编辑:孙志文
营销编辑:谢寒霜
装帧设计:谈　天
出版统筹:慕云五　马海宽

北京联合出版公司出版
(北京市西城区德外大街83号楼9层　100088)
北京联合天畅文化传播公司发行
文畅阁印刷有限公司印刷　新华书店经销
字数118千字　880毫米×1230毫米　1/32　7.5印张
2022年9月第1版　2022年9月第1次印刷
ISBN 978-7-5596-6237-8
定价:49.00元

版权所有,侵权必究
未经许可,不得以任何方式复制或抄袭本书部分或全部内容
本书若有质量问题,请与本公司图书销售中心联系调换。电话:(010)64258472-800

目录

第一章　什么是批判性思维　…1

第二章　批判性思维的基本要素　…13

第三章　日常生活中的论证　…23

第四章　社会科学的逻辑　…45

第五章　权威与社会科学论证　…61

第六章　作为社会世界的社会学　…73

第七章　研究取向　…91

第八章　措辞　…111

第九章　问题与测量　…129

第十章	变量与比较	···145
第十一章	趋势	···163
第十二章	证据	···177
第十三章	回音室效应	···191
第十四章	棘手的研究主题	···207

后记：为什么批判性思维很重要　　···223

参考文献　　···225

第一章

什么是批判性思维

CHAPTER 01

正如所有政治家都赞颂母性一样，所有做教育的人都对批判性思维推崇备至。让学生成为具有批判性思维的人不只是大学教授们的共同理念，也是中小学教师们的共同目标。我就听到过有小学一、二年级的教师明确表示，批判性思维是他们最重要的教学内容之一。可以说，这是绝大多数教育者的共识。

我们可以提出质疑：如果所有人都认为某种东西是好的，或许是因为这些人对它的定义是不同的。"批判性"（critical）一词可以承载许多不同的含义。我记得有一次当我讲到批判性思维的积极面时，有一个学生惊恐且反感地说："啊，我才不想当一个批判者！"但确实有社会学教授曾大胆地宣称他们信奉"批判性种族理论",或者"批判性动物研究",又或者……(你懂这个意思就行)。这种语境下的"批评性"一词通常表达的意思是他们所采取的研究方法与某种自由的、进步的、激进的、左翼的政治观点是一致的。实际上,他们使用"批判性"一词就是为了标榜自己与另一学派的不同,"指控"现有的研究方法。尽管他们认为,采用了"批判性"的研究方法可以让他们成为具有批判性思维的人,但是这并不是我想用"批判性思维"一词表达的意思。

本书将批判性思维视为一套用来评估"断言"(claim)的工具。"断言"指的是一种声称某事属实的陈述。在谈话间,在阅读中,在媒体上,在几乎所有与他人相联系的场合,我们总是会遇到各种断言,并且我们都需要学着诠释这些断言。我们会将这些断言按照可信度的高低进行区分,将那些似乎合理的断言定义为"事实"或"信息",并给那些可疑的断言贴上"谣传"或"虚假"的标签。其实人们很早就开始学着对断言进行这样的区分:很多家长都会在孩子小的时候教他们更好地评估他们听到的事情(比如,他们会告诉孩子"他只是在逗你啦""我很认真的哟""那只是一个故事而已啦");等孩子成长到了某个阶段,他们还得学着对电视节目和商业广告进行区分，并明白广告商的断言并不是完全真实的；随着年龄继续增加，他们开始明白他人的溢美之词也许并非出自真心，正如他们需要学着在竞选期间对对手的负面断言置之不理一样。我们需要掌握的，就是将那些存疑的断言与那些更具真实性的断言区别开来。

批判性思维能力十分重要。我们可以想象一下，一个没有批判性思维能力的人会是什么样子？他可能会是一个耳根子极软且极易受到伤害的人，他会听从商业广告的号召，冲出家门去购买广告中的产品，并会认为所有的政客都是可信的。当然，很少有人会这么容易被骗。尽管质疑推销者口中的话的确是项很有用的技能，但这还远远不够。我们会不断地通过网络、电视、视频、社交媒体上接触到各种新闻故事、书籍、文章。那我们又该如何评估这些断言呢？我们又如何做到明辨真伪、去伪存真呢？

大家在做判断时会有不同的标准，一个经久不衰的标准就是假定我们已然知晓什么是真的，即假定存在一本经典，包含了我们需要知道的全部真理，我们可以依照经典中的圣言来判断断言的真伪；或者假定一些大思想家（如亚里士多德、孔子、马克思）已将世界运转的规律解释得一清二楚，今天的我们可以依据某一断言是否与这些经典理论相符来评估其真伪。假定自己已经对何为对、何为真了如指掌是一件"令人宽慰"的事,因为这样一来,就可以"合理地"忽略那些持有不同观点的人。与别人争辩过信仰问题的人都知道,要让一个坚信权威教义的人改变想法实在太难。

本书将"批判性思维"定位为评估断言时的一种不那么绝对化的方法。批判性思维不是简单假定我们已经知道了什么是真的,而是要求我们思考我们的假定是否有可能错误。从本质来看,批判性思维讲究的是证据。证据指的是可以帮助我们评判断言是否为真的信息。每当我们听到一句断言时,我们都应当用证据来评判其真假。该断言可能说的是一件私人小事(如"我喜欢你的发型"),也可能面向一个更大的受众群体(如新闻头条)。批判性思维要求我们对支撑断言的证据进行检验并判断其是否可信。在本书中,"批判性思维"即评估证据及区分证据证明力强弱的方法。

作为证据评估方法的批判性思维在历史上由来已久,最早于启蒙运动时期流行起来,而持续了几个世纪的启蒙运动正是驳斥了"可以在《圣经》或亚里士多德那里找到一切真理"这一思想。当时的人们开始收集并评估可观察的数据和信息,即证据。例如，他们用望远镜观察行星和恒星，事实向他们证明了是地球围绕太阳而转，而这一结论与神学家们所坚持的"地心说"矛盾。后来，人们又用显微镜观察到可能致病的微生物，这又令医学专家们无奈地否定了亚里士多德的病理模型（疾病由4种体液的失衡引起）。当时人们争执得不可开交，一些神学家和医生坚决抗拒这些新思想。而到了今天，这些由证据支撑的新思想最终胜出——现在大多数人都认同：地球绕着太阳转，细菌会导致疾病。但是我们依然在争论许多其他的事情。现在大多数人都认同证据的重要性，即使他们并不一定认同证据的内容。

作为评估证据的方法，批判性思维是一项技能。这种技能可以通过学习掌握，并可以通过练习实现熟能生巧。也许你会觉得很惊讶：竟然有这么多的教育家都认为，教授批判性思维很重要。毕竟，你上高中的时候，可能没有专门的批判性思维课程，你学习的课程只有数学、语文、社会研究或者历史。尽管如此，老师们也许仍认为所有这些课程都在教授批判性思维：数学课可以训练数学推理；文学课需要分析戏剧和诗歌；历史课鼓励对重大事件的不同解读进行评判；等等。这些课程旨在教授你数学、语文、历史课程本身的内容的同时,也将你培养为一个更具批判性思维的人,使你不仅掌握学科本身的知识,而且能将这些课程所教授的分析技能应用于一系列主题和场景中。

教育程度与收入水平间呈强相关的主要原因就在于学习了批判性思维:一般来说,高中毕业的要比辍学的收入高;上了大学的要比只念完高中的收入高;大学毕业的要比大学肄业的收入高;研究生毕业的要比本科毕业的收入高。为什么是这样呢?很多高中和大学的课程看起来与大多数工作并无直接联系。学习这些课程本身的专业知识固然重要,但更重要的是掌握批判性思维,这是成功的大学教育所必需的。一名大学毕业生应具备的能力有:能够读懂艰深的材料,能够捕捉所需信息并评估其质量,能够提出、组织、呈现个人观点。通过完成功课(指定的读书任务、测验、撰写论文等),学生会慢慢地发展并最终具备复杂的批判性思维技能。事实上,正是这种相对稀有的技能才使那些教育程度更高的人获得更好的工作待遇。

尽管"批判性思维"这一术语听起来有点模糊、抽象或不实际,但其实它才是教育的关键。我们现在来思考一个有时会拿来问小学生的问题:

假设一个放羊的人有125只羊和5只狗，请问放羊的人几岁了？

　　数学教育家注意到，大多数孩子在面对这一问题时都认为，这个问题肯定是要他们算一个数出来，例如25（用125除以5）。毕竟，在数学课上，这些学生总是要遇到一些"文字题"，要求他们计算出数字答案。但是这个题目本身并没有提供给我们任何解题信息，无论是羊的数量还是狗的数量都与牧羊人的年龄没有任何关联。所以，正确答案是：没有办法知道牧羊人的年龄。要得到这一答案就需要批判性思维，即评估所提供的信息是否足以回答该问题。换言之，教育的任务是教授学生将有理与无理区分开来。最终，批判性思维就成了一套极为务实的技能。

　　评估证据有许多方法，不同的学科习惯强调不同的批判性思维技能。本书所讨论的批判性思维主要的服务对象是社会学。那什么是社会学？首先，我是搞社会学的，这是我了解、学习、教授的学科。很多书从很笼统的角度来讨论批判性思维，其作者大多是哲学家，而在我看来，这些书过于抽象。比起宏观的指导理论和原则，我更感兴趣的是探索如何提升社会学学者在实践中的批判性思维。

本书将重点放在批判性地思考社会学学者提出的观点，以及其他社科学者提出的有关社会问题的观点。简言之，社会科学通过研究（即发现、收集、评估来自社会的证据）来更好地理解社会生活。基于这种研究，社会学者提出自己的观点，尝试解释人们的行为方式和原因，以及该行为加剧或减轻社会问题的方式。但是，并非所有关于社会行为的解释都来自社会科学的推理。例如，有些人可能会用一句话来解释犯罪的本质，即"人生而有罪"（这是一种根植于特定宗教教义的观点），但是这一断言并不会让社会学学者恍然大悟，因为这并不是一个可证伪的社会科学命题。那什么才是可证伪的命题呢？我们会在后面详细讲到。

因为我是一名社会学学者，书中很多例子都会涉及社会学话题，但大部分内容都可以让其他学科作为借鉴，包括人类学、传播学、犯罪学、经济学、地理学、历史学、政治学、心理学等社会科学领域，以及区域研究（如非洲研究或东亚研究）、种族研究（如黑人研究、墨西哥裔/拉丁裔研究）、女性研究等跨学科研究领域。社会科学的观点有时也会出现在各种应用学科中，比如商科、教育学、法学、医学、公共政策学、社会工作学等。

在上述这些学科专业中,有一些学者尝试使用科学的方法来理解社会生活,即基于证据来解释人的行为模式。他们通过研究得出的观点举足轻重,因为这些观点常常用来为一些政策的合理性背书,而这些政策会对很多人产生深远影响。因此,我们需要批判性地思考这些观点。但是在集中探讨社会学学者的思维方式之前,我们需要先明白断言的原理。

批判性思维小贴士:

· 批判性思维通过评判支撑性证据来评估断言。

第二章

批判性思维的基本要素

在本书中,"论证"(argument)一词仅表示一种说服的企图,表示针对某一结论背后的断言进行的一系列推理活动。夸张或挑衅不是论证的必要特征。比如约翰说"既然现在下雨,我们也不想被淋湿,我认为我们应该等到雨停再出门",他就是在进行论证。论证包含:

1. 提供基本信息的根据(ground),即"现在下雨";
2. 将得出的结论正当化的理据(warrant),即"我们也不想被淋湿";
3. 结论(conclusion),即"我们应该等到雨停再出门"。

批判性思考就是评估或评价论证的可信度。例如,在思考约翰的论证时,你可能会问:是不是还在下雨?是不是雨大到不方便出门?是真的怕被淋湿,还是存在其他更紧迫的原因需要马上出门?基于对上述问题的回答,你也许会认为这一论证可信,并选择待在室内;或者你也许会认为该论证不可信,并选择硬着头皮外出。

因为一切论证均包含根据、理据和结论,所以要做到批判性思考,就要对每一项要素进行评估。根据是描述事物性状的断言。在约翰的论证中,根据就是直截了当地断言"现在下雨"。要评估这一断言的可信度,我们可以观察外面是否真的在下雨,或者我们可以讨论一下雨下得有多大,或者讨论一下到底下的是"什么雨"——是茫茫烟雨,还是绵绵细雨,又或是淅淅沥沥的小雨,讨论一下是不是雨大到一定要待在室内。其他断言(比如,"贫穷由歧视和其他不当的社会安排所导致",或者"贫穷由鼓吹躺平的文化所导致")可能需要各种更为复杂的证据支撑,包括案例、统计数据、定义等。此外,针对这类表示根据的观点,存在着多种评价方式:该观点看起来真实吗?是否已有充足的证据来证明该观点?证据看起来很有力,还是有弱点?是否还存在其他我们想要知道的信息？论证的根据可能十分复杂，包含多个观点，但同时又可能有许多驳斥根据的理由。

理据说的是道理，涉及价值观。在约翰的论证中，"我们也不想被淋湿"这一理据将结论合理化。用批判性思维来思考理据是一件十分棘手的事。有时，理据是隐含的。例如，如果进行论证的人和听论证的人价值观相同，那么就没有必要把理据讲清楚。也就是说，约翰可能会假设，如果被淋湿可以避免的话，大家都不愿意被淋湿，那么他就不必再多此一举地将理据说明，而是会直接说："既然现在下雨，我认为我们应该等到雨停再出门。"要对理据进行批判可能会令人不悦，因为一旦批判者所主张的价值观与论证者所持有的价值观不同，就可能会导致根本性分歧的出现。尽管如此，对于任何论证而言，理据都是必不可少的要素。此外，和对根据进行评估一样，我们也可以对理据进行批判性评估。根据和理据构成了论证得出结论的基础，可以跟在"因为"或"既然"这样的标记词之后（例如，在上面的例子中，约翰说"既然现在正在下雨……"）。

最后，论证的结论表现为根据和理据逻辑发展的结果。结论有时会跟在"因此"或"所以"这样的标记词后，但有时也找不到这样的标记词。比如,之前约翰的话也可以用"如果……那么……"这样的结构来表达:如果大家都认为现在下雨且不想被淋湿,那么我们可以得出结论:我们应当待在室内。我们还可以对论证的结论进行批判,指出不能听从该结论的原因。例如,可能存在某种紧急情况(比如,家里没有冰激凌了),因而即使是大雨滂沱也需要出门;或者可能有充足的雨伞和雨具,可以确保身上不被淋湿。尽管论证者总说结论只有一个,但我们仍可以对结论(以及根据和理据)做出批判性的评论。

上述"根据-理据-结论"的论证模型出自哲学家斯蒂芬·图尔敏(Stephen Toulmin)《论证的使用》(*The Uses of Argument*)一书。历史上,哲学家们花了相当长的时间来理解论证。他们经常讨论的话题有两个:修辞和逻辑。修辞是研究说服的学问,旨在分析让论证看上去可信的方法和原因。例如,修辞学家会问:约翰是否指出雨大到足以说服我们待在室内?或者是否可以将这一断言稍作修改,让论证更有力度?(例如,约翰不只说"在下雨",还具体形容是"在下瓢泼大雨"。)而逻辑则是用来评估论证的力度,判断根据和理据是否足以说服具有理性思维的人们,让他们接受论证的结论。逻辑学家（研究逻辑的哲学家）定义了各种逻辑谬误，即各类有缺陷的论证，此类论证得出的结论并不是必然的，我们会在后面章节详细谈到逻辑谬误。

一切论证均依赖于假设，而假设通常是一些没有言明且被视为理所应当的根据或理据。你不必对此产生太多顾虑。例如，我们通常会假设"重力始终存在"。无疑，听我们讲话的对象都会认同这一假设（除非他们刚好在外太空）。但是现实中依旧存在很多可能会引起争议的假设。

如果听你讲话的对象与你在宗教信仰和政治观点上存在巨大差异，那么你们之间必然存在分歧。如果一个人笃信上帝存在，而另一人持有相反观点，这时要这两人讨论宗教信仰，则最终的结果很可能是各执己见，自说自话。两人不仅都会提出对方不会接受的假设，而且都将自己的假设视为理所当然，没有意识到自己的观点只是一种"假设"而已。我们甚至很难意识到我们自己有假设，当然也很难对其进行批判性思考，因为我们已经相信这些假设是真的。

然而，假设对于论证而言是必需的。我们无法做到每提出一条断言，就提供其背后的整个推理过程（比如"重力始终存在"）。与此同时，我们也必须承认，我们确实会做一些假设，并做好准备，在这些假设遭到质疑时，为其提供解释和辩护。

一般来说，对自己认可的他人论证进行批判性思考要比对自己不认可的他人论证进行批判性思考更难。当我们遇到自己不认同的观点时，很容易就会对其论证进行严厉的批判，并将其判定为有问题的假设和推理，但与我们观点一致的人所提出的断言则可以在我们这里轻松过关。我们也许会告诉自己，他们的论证并非完美，或者其证据力度依然偏弱，又或者其逻辑存在一定缺陷，但我们认为自己不应该对其过于批判，因为从本质上说，我们认为他们是对的。这是一个在接下来的几章中会多次讨论到的问题。

如果说对自己认可的他人论证进行批判性思考是一件难事，那么对自己的论证进行批判性思考则难上加难。我们很容易对自己不严密的思维产生一种选择性的盲从，这是极其危险的。因为如果我们不对自己的论证进行批判性思考，那么其他人就会轻易地挑战我们的断言。所以，最好还是我们自己先审视清楚自己的论证，思考其中的局限，并在呈现给他人之前解决掉其中的问题。哪怕我们无法做到让自己的推理滴水不漏，但也要尽可能地让他人很难找出其中的漏洞。

因此，在很多情况下，最难的就是对自己的思想进行批判性思考；而通过这种批判性思考，我们可以及时处理在这一推理过程中查找到的各种漏洞。

一切批判性思考均涉及对根据、理据、结论的评估。这个过程并没有看上去那么简单，因为评估的方式有很多种。尽管本书主要探讨社会学学者及其他社科学者的论证，但先从我们日常生活中遇到的各种论证开始讨论，会更有利于说明和理解。

批判性思维小贴士：

- 一切论证均包含根据、理据、结论和假设。批判性思考会评估这些要素。
- 最容易做到的是对自己不认可的论证进行批判性思考；较难做到的是对自己认可的论证进行批判性思考。
- 最难做到的是对自己本人的论证进行批判性思考。

· 第三章 ·

日常生活中的论证

CHAPTER 03

很多人都喜欢讨论（甚至争论）社会生活的方方面面。无论是刚读的新闻头条，还是路过邻居门口，都会自然地引发一场对话。先是一个人表达一种观点，然后另一个人加入进来，表达同意或不同意，然后对话结束。

这类对话的宗旨是放松，并不勉强你必须表达自己的观点。而说话人所进行的论证（包含根据、理据、结论）也很少受到仔细的推敲。因此，在这些场合，批判性思维并无明确的标准。

本章会分析有缺陷的日常论证的一些共通点。人们总是情不自禁地进行这类论证，而这类论证虽然在表面上看似无懈可击，但其本身存在着局限性，需要我们来弄明白。

传闻

论证中总会牵涉个人经历,例如"那天我看见……"。这些故事通常旨在提供一手证据,证明说话人所陈述的内容当属司空见惯,或者用作示例来证明某些泛指的断言,例如"那天我看到两个人坐在一家饭店的同一张桌前,但他们都只是目不转睛地盯着自己的手机。我们正在失去面对面交流的能力"。

在其他一些场景中,传闻(anecdote)也不是一手信息,而是说话人转述他们从朋友或新闻那里听到的故事。但其背后的含义是一样的:这个故事是个典型案例。比如,人们会用某个人从社会福利项目中骗取利益的例子来说明,很多福利项目的受益人不需要或者不配得到资助。

这种传闻在说话人看来极为可信,但我们不应将其视为强有力的证据。如果某个故事足够特别且令人印象深刻,可以牢牢地抓住你的注意力,那么这或许表明,这个故事并不是一个典型案例。单独某个例子(例如,你认识一个好逸恶劳的穷人)很难支撑一些泛指性的概括(所有穷人都懒惰)。毕竟,我们生活的世界很大,芸芸众生,形形色色,我们见证的单个故事并不能代表整个复杂的世界,这个道理好比一张照片无法描绘我们目之所及的一切。即便说话人为了说服我们，可以举出两三个甚至更多的例子来，但我们必须明白，我们接触的社会范围终究是有限的。举个例子，有一名叫萨丽的教师向我们抱怨她班上几个捣蛋的学生。也许她可以为我们举出很多例子，也许她可以令我们相信她班上的学生确是一群难搞的家伙，但我们又有多大的把握认为她班上的情况也在很大程度上代表了其他班级和其他学校的情况呢？

传闻都是非典型的，或者说是不寻常的，这几乎是一种必然。传闻只是抓住了说话人的注意力，让说话人觉得这件趣事值得与他人分享。比如，在我们驾车穿过交通要道后，我们可能不会与别人谈论我们在等红灯时看到的其他司机，而只有那个闯红灯的司机变成了我们的谈资。

设想一下，有个叫卡洛斯的人告诉你，他刚刚就看到了这么一个闯红灯的司机，然后他声称："路上竟有这种司机，交通变得越来越危险了。"但如果你查一下交管部门收集的数据，就会发现，其实交通事故的死亡率在过去的几十年内一直在大幅下降。很明显，这个结果不意味着卡洛斯没看到有人闯红灯，而是会让我们质疑他得出的结论，即那个闯红灯的司机证明了如今的交通要比过去危险得多。

当然，如果你说交通事故的死亡率一直在下降，那卡洛斯也许会反驳说这些数据之间没有关联性，毕竟在他看见那个司机闯红灯时，并没有发生事故。由此我们注意到证据的一大重要特征——证据从来不会是完整的或完美的。比如，我们无法知道司机闯红灯时的准确速度，我们也无法监控每名司机如何通过每一个信号灯——即便我们能做到这两点，我们也无法回到过去，用相同的方法对过去的情况做出测量，所以我们根本无法证明闯红灯的现象是增加了还是减少了。所以，我们寻找的是现有最佳证据（best available evidence）。我们也许会假设，相较一些可能从未引起执法部门注意的轻微交通事故，那些致死的严重交通事故应该已经被全部记录在案，所以官方发布的交通事故的死亡人数的统计数据理应是准确的。因此，如果要用交通事故中不断降低的死亡数据来反驳卡洛斯关于闯红灯司机的传闻，也不是不合理。我们会推测，如果以身试险的驾驶行为越来越普遍，交通事故的发生率应该呈增长趋势，死亡人数也会相应攀升。

当然，关于交通事故死亡证据的价值的讨论还可以继续进行。这时，卡洛斯可能会说，以身试险的驾驶行为也有可能大幅增加非死亡事故的发生率。但鉴于没有更多证据能够支持这一断言,所以他的论证毫无说服力可言。因此我们必须明白:证据是论证成功的关键。

传闻还有另一特征,即总是在描述一系列连续发生的事件:Q事件先发生,R事件随之发生,又引发了S事件。我们一定要清楚,这些故事或叙事本身是有其局限性的。任何叙事都必然是选择性的,也就是说,要讲述一个囊括了一切发生之事的故事是天方夜谭。当你为了突出Q-R-S这一连串的事件时,难免就会忽略Q事件之前从A到P的其他事件(译者注:这里的字母并无明确含义,只是通过字母表中字母的顺序代表一系列不同事件发生的顺序。)。

对叙述进行批判性思考的方式之一,就是质疑其对叙述元素的选择。我们会问:是否所有相关的事件都已包含在内?叙述顺序的某些部分是否无关紧要?换个说法就是,如果我们在叙述中添加了某些元素(例如,将故事从"Q-R-S"改成"P-Q-R-S")或删去了某些元素(例如,只保留原本故事中"Q-S"的部分),是否会让故事更合理呢?所有关于事件起因的争议(从我们为何跑到这家餐馆吃饭到奴隶制是否导致冷战),总是围绕着一个问题:究竟选用哪些元素来编织这个故事?

即便我们对故事中必要元素的内容并无异议,但我们对这些元素的理解也不尽相同。在上面的例子中,卡洛斯在讲述闯红灯司机的故事时,他想表达的意思是那个司机在以身试险,但反对者可能会提出其他解释,比如,也许那个司机有急事或有其他原因。也就是说,即使大家对叙事的相关要素意见一致,也并不意味着他们一定会对其做出同样的理解。需要注意的是,我们可能会倾向于接受一些符合我们认知的故事,并会排斥一些与我们的认知相矛盾的故事。

我们都会使用到传闻。讲故事可以更清楚地表达思想,这就是为什么作家和记者总是喜欢在书籍或新闻报道的开头讲一个故事——这样可以为主题增添一些人情味。但是传闻有其本身的局限性。如果有人发表了一个笼统的声明("世界末日就要来了!"),接着听到这句话的人会反问证据何在("为什么这么说?"),然后讲述人以一件传闻作为回答(比如,人们花大量时间看手机或者闯红灯等),虽然乍一看,这类证据似乎足以支撑这一结论,但作为证据,传闻永远是缺乏力度的、不完善的,也是不完整的。如果我们想要理解整个社会生活,我们应当努力突破具体个例的局限。

针对人身的论证

所谓"针对人身的论证"（ad hominem argument）是指将重心放在说话人而非说话内容上的论证。例如，有人断言："那个家伙是个环保主义者（或保守主义者，或其他什么主义者），所以我没必要听他的"——只是因为信息来自某个特定的人，所以他拒绝接受该信息。这种做法很危险，因为它将听话人与说话人的思想不分青红皂白地完全阻隔开来。

当然，大家对很多事情都会存有异议。但如果你因为某人与你意见不合，所以无论他说什么，你都简单粗暴地忽略或拒绝接受，那你就大错特错了。如果论证本身力度不够，那么否定它没有什么问题，但如果只因为你与说话人意见不合就否定它，就有问题了。

大家总会不由自主地陷入这种针对人身的论证中。事实上，大多数人都有复杂的多重身份，以及身份背后特定的政治和宗教立场，而且我们也很清楚，一定会存在一些与我们意见不合的人。比如，自视为自由派的人心里很清楚，存在着另一群自视为保守派的人，反之亦然。我们也许可以猜想出另一派人的想法，我们也许会觉得这些人的论证都大同小异，我们也许已经知道了他们会说什么。尽管如此，如果我们只因为某人属于某个与我们意见不合的群体就否定其论证，那我们就犯了一个推理错误。

"Ad hominem"一词出自拉丁语，意为"针对人身"（to the person）。针对人身的论证的错误在于：这种论证涉及对论证人的动机和偏见，而忽略了论证本身的内在逻辑或证据。这种逻辑谬误在几个世纪之前就已获得了专有名称，那时候有学识的人正是用拉丁语来书写思想。

批判性思维的关键是评估证据。评估并不意味着接受。如上文所述，无论是主张传闻是一种相对较薄弱的证据，还是认为对某一具体事件的描述很难作为广义概括的基础，这样的说法本身其实无可厚非，但是这和你因为某人与你信仰不同就否定其所述传闻完全不是一回事。

激烈的辩论往往会引起双方脱口而出的谩骂，甚至是咒骂，如一些基于民族、宗教、政治的人身诋毁，一来二去就变成了人身攻击："既然简是个……（贬义标签），我们就没有必要听她的想法，更没必要听她的证据，不管她的证据是用来支撑自己的主张，还是用来支撑她对我方论证的驳斥。"我们很容易陷入这样的思维中，因为这样一来，我们貌似就有了借口去轻视我们的对手。而且这种思维令我们倾向于选择单方面批判（或直接忽视）对手的论证，而不是迎接一项更具挑战性的任务——批判性地思考我们应当如何对其作出回应。针对人身的论证其实非常危险，因为这样一来，我们容易畏缩起来，挤在一堆与我们思想一致的人群中，这会影响我们进行批判性思考的能力。

本章的重点是日常生活中论证的各种陷阱，在后面专门讨论社会学推理的章节中，我们还会进一步探讨针对人身的论证。

神话（谬见）

和针对人身的论证类似，将一件事称为"神话（谬见）"（myth）是另一种不考虑其优点而武断地否定某个论点的方式。民俗学者（即真正研究神话的人）用"神话"这一术语来指称那些关于各种神和世界起源的故事。不同的文化有不同的神话：古希腊和古罗马文化、北欧文化，还有印第安文化，都有自己的神话体系。然而，在日常对话中，将某一件事称为"神话"就是在说：这件事是假的，只有判断有误的人才会相信。其背后的逻辑大概是：既然我们认为讲述美神阿佛洛狄忒和雷神托尔的故事都是虚构的，那么这些神话的关键特征一定是其本身的"不真实性"。例如，我们可以列举出许多有关强奸的谬见，也许有人会相信这些说法的真实性，但是分析家坚持认为这些说法就是绝对的谬误（例如"强奸是因为女性勾引男性""女性幻想被强奸"等）。同样，我们还可以罗列出许多婚姻谬见、灾难谬见、移民谬见等。

诚如我们所看到的，在对某一断言的证据进行评估之后，因证据薄弱而拒绝该断言这件事本身并无错误，但给这样的断言贴上"谬见"的标签，不一定就能更好地解决问题。当我们用"谬见"来指称某一断言之时，我们也就直接否定了该断言——"有人认为 X 存在，但那不是真的，因为它就是一个谬见。"这句话究竟想表达什么？是说因为 X 根本不存在，还是它只是偶尔发生，还是因为什么所以这是谬见？与针对人身的论证十分相似，"谬见"这一标签也是指人们在没有真正评估某一观点的证据之前，就对其进行武断地否定。

这是一个任何人都可以用来挑战任何思想的策略。你可以试试在谷歌上搜索"全球变暖谬见"或者"不平等谬见"，或者在任何社会问题的后面加上"谬见"一词。实际上，这些人也都用了"谬见"一词来表达：某些被误导的人可能会相信 X，但是 X 是错的，就是错的。

同时我们也必须注意到，当人们意见相左时，经常会宣称对方的观点是谬见。因此，你会看到《赫芬顿邮报》（*Huffington Post*）上一篇题为"10 条需要粉碎的关于堕胎的谬见"的文章开头说"谬见 1：堕胎很危险"；而在 LifeNew.com 网站上，你又会看到一篇题为"10 条需要彻底揭穿的支持堕胎的谬见"的文章开头说"谬见 1：堕胎很安全"。再举一个例子，《联邦党人》（*The Federalist*）杂志中题为"7 条关于枪支管控的谬见"的文章里写的第二条谬见是"没人想要没收你的枪"；而《琼斯母亲》（*Mother Johns*）杂志中题为"击碎 10 条支持枪支的谬见"的文章里写的第一条谬误就是"他们就是冲着夺走你的枪来的"。所有这些关于谬见的例子告诉我们，给断言粗暴地贴上"伪命题"或"谬见"的标签可能将问题过于简单化了。

我们可以设想，如果能进一步明确这些观点中涉及的术语概念，问题也许会得到更好的解决。我们会问：这些人口中的"安全""危险""没收""夺走"的准确概念究竟是什么？这些关于谬见的断言似乎都在支持某种绝对论：如果某一主张不能被证明完全为真，那么其必定完全为假。而明确概念可以在一定程度上避免这种含混不清。就拿上面提到的堕胎来举例吧。堕胎是安全的还是危险的？其中一种解决方法是承认堕胎是一种临床操作，而每一种临床操作都有出错的风险。当然，我们也可以推测，绝大多数由医生完成的堕胎手术，就像绝大多数阑尾切除手术一样，并不会导致严重的并发症，但同时我们也能看到，依旧存在极少数的堕胎会导致问题发生。也许，问题的关键并不在于堕胎是否绝对安全，即所有经历堕胎的女性都不会受到伤害，而是在于堕胎是否相对安全，即堕胎就像那些被认为安全的常见临床操作一样安全。明确了"安全"的概念，我们就会得出结论：堕胎和其他常见的临床操作一样安全。此外，如果我们换一个角度对"安全"进行定义（例如，任何伤害已经发生的证据都可以证明堕胎有风险），那么我们就可以得出结论：堕胎和其他的临床操作一样都存在危险。在理解两个相反的断言时，我们需要仔细研究二者所使用的概念和证据，而不能简单粗暴地将"谬见"一词强加于二者之上，然后以为一切就万事大吉了。

但是仔细研究证据这件事，正是那些给某观点贴上"谬见"标签的人所不愿做的。为某一观点提供经得起推敲的理据，其实正是一种批判性的思考；而用"那是谬见"来直接回应某一断言,实际上就是在说"根本没有任何讨论的必要,这件事到此为止"。批判性思维需要我们评估证据。这么做并不会终结争论,因为理智的人也许依旧无法就如何解释证据达成一致,但批判性思考至少为进一步的探讨提供了一个更坚实的基础。

民间智慧和隐喻

除了研究神话,一些民俗研究者还研究谚语(aphorism),即用来支撑日常论证的那些格言警句。谚语往往会存在矛盾。例如,在一次对话中,鲍勃说他很难就某个工作问题做决定。玛丽亚用一句谚语敦促他道:"当断不断,必受其乱。"但文斯马上又补充道:"三思而后行。"这两句经典谚语支持的是完全相反的行动方针,而且可能对鲍勃也起不了太大作用。换言之,这些凝聚了民间智慧的至理名言总是过于灵活——人们常常可以随便拿出几句来支撑任何自己想要证明的观点。

与之类似的另一种谈话形式就是隐喻。例如,鲍勃提出的他正在考虑采取的行动路线听起来似乎很合理,但是文斯可能会评论道,"在我听来,这有点像在走下坡路",这句话暗含的意思是:此刻做出的小让步会导致今后更多的让步。又或者他会说,"这只是冰山一角",暗含的意思是:眼前所看到的只是整体中的一小部分。隐喻可以让对话更加出彩，直到人们对该隐喻变得过于熟悉，将其视作陈词滥调而弃之不用。隐喻真正的目的，是将本应更加复杂的论证过程浓缩为一句耳熟能详的民间智慧。

隐喻的问题在于，使用隐喻会阻碍人们对断言的批判性思考。我们都知道，显露于水面之上的冰山，大约为整体的 1/10。那么，当有人使用"冰山一角"这个隐喻来描写社会问题时，我们就会不由自主地在脑海中想象，其背后还隐藏着一个需要我们最终解决的更大的问题。当然，也许事实果真如此，但在一些情况下，我们根本看不到隐藏的问题。如果说这些问题只是冰山一角，那到底有多大一部分被隐藏了？确定是 90% 吗（和真实的冰山一样）？还是只有 50% 或者更少？这个冰山的隐喻并没有为我们提供任何证据，只是诱导我们想象实际问题要比想象中更严峻。

谚语和隐喻是语言上的捷径，它们将一条条推理打包，然后再硬塞入几个熟悉的词汇之中。这样做其实是很有价值的，也是很有必要的。你可以想象一下，如果我们不通过隐喻式推理来判断事物的相似点，并据此采取行动，我们的思维将会何等迟钝。但因为隐喻会将复杂的问题简单化，所以我们也容易被隐喻误导而偏离方向。因此，我们需要批判性地思考，隐喻会将我们引向何方，那里又是否是我们想要去的方向。

事实

关于"事实"（fact）一词，我们的常识性理解是，该词指的是某个完全真实的事情。"那就是事实！"这句话经常作为一张王牌在论证中打出，这是一句无可辩驳的话。与此同时，我们也清楚，人们有时依然会就事实产生争论。为什么会这样呢？

明白所谓的"事实"依赖的是社会共识，是一种看待"事实"的更佳方式。想象一下，有一群信徒，他们都将某一本经书奉为圣典，视为上帝之语。那么，对这群信徒而言，他们可能会赞同该经书反映了上帝的旨意这一"事实"。继续想象一下，又有一些不同信仰的人加入他们的聚会之中，也许他们并不信仰上帝，又或者他们认为是另一本经书揭示了上帝的意志。那么马上，这些聚在一起的人们就会就何为事实产生分歧。

这一例子告诉我们，事实是社会性的，它取决于人们对证据的认同，而且这些一致的意见可能会改变。例如，今天的小孩子们学到的是：地球是太阳系中围绕太阳旋转的8大行星之一——这是以"事实"的形式传授的；而我念小学时学到的是：太阳系有9大行星。此外，一千多年前，人们都自信地以为，太阳绕着地球转是"事实"。同样，在17世纪的马萨诸塞州，人们相信巫师的存在是"事实"，但今天的我们会认为这简直是无稽之谈。人们眼中的事实之所以会发生改变，是因为他们对证据有了更深的认识，因此就会将先前的事实性断言作为错误摒弃掉。

此外，所谓的事实也会随着群体的不同而不同。是否将某本经书是上帝之语这件事当成事实，取决于被提问的具体对象是谁。一群信徒可能会坚称这是事实，而另一群信仰不同的人就不一定会赞同了。

据说美国参议员丹尼尔·帕特里克·莫伊尼汉先生曾说过这么一句话："每个人都有权发表自己的观点，但那不一定是事实。"这句话反映了一个常识性的认识：两个相悖的观点无法同时成为事实。这就是为什么"另一种事实"（译者注："alternative facts"是美国前总统特朗普的顾问凯莉安妮·康韦的辩解金句。）这种说法会这么快成为众矢之的，遭到人们的奚落和嘲讽。批判性思维要求我们在面对两个相反的断言时，权衡两者背后的证据。但是仍会存在一些令人不太满意的回应方式，例如武断地宣称："因为我知道我所在的群体所信都为真，所以任何持异议者所说的都是错的。"

即使在评估证据的优劣之后，人们也并不一定会就事实的真相即刻达成一致。人们可能会质疑他人的证据或者解释证据的方式。持有强烈信仰的人，哪怕面对在他人看来无可辩驳的证据时，也常常会坚持信仰，不动摇。在史料中，我们可以找到无数个这样的案例，里面的人们相信各种关于世界末日的预言。迄今为止，这些预言都已经不攻自破，但是大多数忠实的信徒依旧坚守着他们的信仰。而且并不是只有宗教信徒才会倾向于坚持一些可疑的理论，我们常常会看到，科学家们也总是很不情愿地接受那些可能会危及自己地位的科研成果。

我们总是以为事实就是事实，认为事实是真的，是毋庸置疑的。但所谓的事实总是反映出某种特定的社会共识，即在某个特定的历史节点，某群特定的人关于某事是真实的所达成的一种共识。批判性思维作为一种工具，可以帮助我们梳理支撑或反对那些主张某事为真的断言的证据。我们也许会得出结论，认为该证据可以支撑该共识，赞同这一断言确是理据充分，但我们也需要认识到，声称某事为事实这一断言本身，并不足以平息争论。

日常推理

批判性思考是我们每天都会做的事，比如我们会就音乐、食物、体育和政治等日常生活中的事相互争论。无论是与他人发生分歧，还是捍卫我们自己的观点，又或是被他人的论证说服，都是一件很有趣的事。我们可能还会同意各自保留自己的不同意见，甚至揶揄那些与我们观点相悖的人，拿他们的偏好开玩笑。大多数这样的讨论都很随意，并不会造成什么严重的后果，因此我们也不会过分地担忧推理的质量。但有时候，争议会变得十分激烈，我们也会因为别人不接受我们的推理而懊恼沮丧。正如本章所指出的，日常生活中的推理可能会有很多缺陷，只要我们能够批判性地对其进行分析和思考，一定会有所裨益。

我们完全有能力在日常的论证中进行批判性思考，至少是在当我们因足够在意某件事而表达自己的不同观点时。例如，当你听到两个人就他们最爱的橄榄球球员或最爱的电视节目的优点进行争辩时，你会发现，在这一过程中，他们会不断提供证据来捍卫自己的立场，并批判对方的举证。但是在另一些情况下，比如你赞同某一方的观点，或者你不是很在意这件事时，你也许就不会花力气对证据进行批判性评估。你也许会听到一个传闻就不假思索地颔首赞同，或者根本注意不到那些针对人身的攻击。

即便如此，若在我们试图严谨地理解这个世界的过程中出现了这类有缺陷的论证，批判性思维的重要性就变得极为突出。例如，社会科学家要想提高我们对社会生活的理解，就离不开批判性评估。而这也是接下来几章的主题。

批判性思维小贴士：

· 传闻是一种薄弱的证据。

· 针对人身的论证，以及用"谬见"来否定断言，都是在逃避批判性思维。

· 谚语和隐喻可能包含有待检验的假设。

· 事实建立在社会共识之上。

第四章

社会科学的逻辑

CHAPTER 04

科学的目标是更好地理解世界。评估科学断言有一套专门的标准：我们通过观察世界来获取支持某一断言的证据，同时，任何与该证据不符的说法都应予以驳回。

社会科学追求的是将这样的科学标准应用于理解人类行为。这意味着，对于社会学家和其他社会学学者而言，批判性思维的重点在于评估有关人类行为的证据及对证据的解释。

规律

社会科学始于人们尝试定义社会生活中的各种规律（pattern）。这些规律各不相同。有一些规律很容易就能被发现：男性不能怀孕，只有女性才可以怀孕；而另一些规律则较难被发现：比起坐在教室后面的学生，坐在教室前面的学生是否会获得更好的成绩？我们也许会觉得答案是肯定的，但是我们也会发现，并不是所有坐在前面的学生都会获得特别高的成绩，就像有一些坐在后面的学生成绩也会特别好一样。尽管如此，我们依旧会预测，存在一种倾向：那些座位靠前的学生会获得更好的成绩——即会存在这样一种规律。

如果我们不想只停留在猜测这种规律是否存在，而是想要更进一步证明，我们就需要收集证据，一方面为了证实自己预测的正确性，另一方面也为了说服他人。例如，我们可以记录某个班级里学生的座位信息，然后调查他们的成绩。但即使我们的假设得到了证实，且我们发现座位靠前的学生会获得更高的分数，其他人依旧可能质疑我们的发现。例如，他们可能会说，仅凭对一个班级的调查很难证明同样的规律也适用于其他班级。这种质疑就是一种批判性思维，而大多数研究都会面对这样的批判。在接下来的几章中，我们会看到，如何收集最佳证据是一件极为复杂的事。

因果关系

只是找到规律还不够。人们总是喜欢问为什么会存在这样一种特定的规律,即他们会要求你对该规律进行解释。对规律的解释会涉及一个论证的过程:论证某个原因导致了某个结果。基本上,所有的因果论证都需要满足四项标准。这些标准的命名虽有差异,但重点是我们要理解每项标准背后的含义。

因在果前

第一条标准是最简单的,就是因在果前,即原因必须发生在结果之前。在上述例子中,"学生坐在教室里学习"发生在前,而"得到分数"发生在后。因此,我们可以合理地推测:学生坐的位置可能(至少可以作为部分原因)会影响他们的成绩。

需要注意的是,如果你说学生在课程结束后获得的分数导致了他们在课堂的座位位置,这完全没有意义。这个错误显而易见,但即使是著名的学者也会犯同样的错误。例如,非常著名的社会学家霍华德·S.贝克尔(Howard S. Becker)提出,美国国会于1937年通过了《大麻税法》(Marihuana Tax Act of 1937),而在这之前,美国联邦麻醉品管理局发动了一场大规模的公关活动,导致各大杂志社发表了多篇关于毒品危害的文章。当时,这些文章引起了人们的广泛讨论,给国会施加了巨大的压力,法案最终得以通过。在提供证据支持自己的论点时,贝克尔注意到,根据《期刊文献读者指南》(*Reader's Guide to Periodical Literature*)(当时顶尖的流行杂志文章的索引)显示,大麻这一话题的热度在 1937 年 7 月至 1939 年 6 月期间的索引卷中达到了峰值:这期间一共有 17 篇与大麻相关的文章收录在该时间段的《读者指南》(*Reader's Guide*)索引卷中,而在 1925 年至 1951 年之间的其他任何索引卷中,有关大麻的文章不超过 4 篇。由此可以猜测,这些杂志文章必定对吸引公众关注有所助益,终于在 1937 年 7 月,《大麻税法》得以通过。

乍一看,贝克尔的论证似乎很有说服力,但唐纳德·T.迪克森(Donald T. Dickson)仔细地调查了这些杂志文章的发表日期,并注意到"在众议院委员会于 4 月底至 5 月初就该法案召开听证会之前的五个月内,没有一篇与大麻有关的文章发表。在 1937 年的 7 月有一篇关于大麻的文章,而剩下的那些文章则出现在 1937 年 8 月 2 日法案签署之后"。换言之,贝克尔所定义的原因(他设想的那些煽动公众向国会请愿采取行动的杂志文章),实际上发生在他设想的结果

（法案通过）之后。因此，在这一案例中，贝克尔的论证违背了"因在果前"的原则。

很多情况下，我们无法通过像杂志文章发表日期那么明确的信息来确定"因在果前"。在实际情况中，因果关系可能会因为反馈（feedback）的存在变得更加复杂，即 X 可能影响 Y，Y 又会反过来继续影响 X。这时就会出现"先有鸡还是先有蛋"的争论。例如，人们可能会争论，究竟是文化在先，继而造成了某种社会结构的出现，还是社会结构在先，从而以类似的方式催生了某些文化的发展。

因致果变

这一标准相对比较好理解，因致果变，即因果之间需要存在一种规律。例如，如果我向上拨开关，灯就亮了（或者向下拨开关，灯就灭了）。按照这一规律，我们就可以合理地推测，因为上下拨开关，所以灯会亮、会灭。也就是说，因和果需要以一种有规律的方式变化。当然，因果规律并不总是那么简单明了。我们也许找不到学生成绩高低与其座位前后之间的完美关联（例如，所有高分学生都坐在教室前面），但是我们很可能会发现，坐得靠前的学生会更有可能获得更高的分数,即他们倾向于有更好的成绩。同样,研究者们发现,吸烟者会比不吸烟者更有可能患上各种疾病——尽管有些吸烟者并不会患病,而有些不吸烟者反而会患病。在现实世界中,"因致果变"中的"变"主要指的是一种倾向,即原因倾向于导致结果发生。发现和评估这种规律,通常需要用到统计学的方法,以判断因果关联性的高低。

因果有据

因果关系的第三个标准与我们解释因致果变背后缘由的能力有关。针对开关与灯光的例子,我可能会说,因为向上拨电灯开关可以使电路闭合,使电流抵达灯泡,灯泡中发热的灯丝又产生了光。针对学生座位与成绩的例子,我可能会解释说,因为坐在教室前面的学生,比起靠后一些的学生,更容易集中注意力,更不容易因手机里社交软件推送的信息而分神,因此他们在测验中的分数更高,成绩更好。而且我还可以进一步将我的解释与之前一些权威专家发表过的关于电路原理以及注意力如何提升学习成绩的研究成果联系起来。这条标准比较容易理解,即所有的因果论证都需要像这样因果有据。

因果明确

因果之间必须"并非似是而非"（nonspuriousness）。虽然这么说有点绕口，但这个标准十分重要。如果一个貌似符合因果的关系满足了前面的三项标准，即因在果前、因致果变、因果有据，依旧有可能因为该关系"似是而非"而无法成立。所谓"似是而非"的因果关系就是指因果关系中的"果"是由第三方因素所造成的。

我们可以用一个荒诞的例子来说明。想象一下，在看到向上拨开关电灯亮（向下拨开关电灯灭）的规律后，我说是向下拨开关造成了电灯灭，向上拨开关造成了电灯亮，但这时东尼娅回应道："不对，光是由看不见的小妖精控制的，它们会恶作剧，在你按开关的时候，真正造成灯亮的原因是小妖精们在施法！"

正如我前面所说，这个反驳很荒诞，我们可以立即就将其否定，但原因是什么呢？首先，我们可以找到坚实的因果理据，即有关电路和电路原理的各种理论，而这些理论已经被无数实验证明过，因此我们对自己的因果理据有充分的自信。此外，我们也找不到任何关于"小妖精"存在的证据。这时东尼娅会说："这是因为小妖精的魔力能让它们隐形起

第四章 社会科学的逻辑

来，让别人发现不了。"

我们是否能绝对地证明小妖精不会造成灯亮灯灭呢？其实不能。但是有一个很古老的哲学原理，常常被称为"奥卡姆剃刀原理"。这个原理告诉我们：如果存在两种合理有据的解释（在这一案例中，一种是用电路原理来解释，另一种是用电路加小妖精来解释），我们应当选择更加简单的解释。也就是说，如果我们能够在不掺杂"小妖精"的前提下充分地解释灯亮灯灭，那我们的解释中就不应掺杂"小妖精"。

基于奥卡姆剃刀原理，我们可以否定那些援引了各种无法观察到原因（例如"小妖精"）的解释。因果之间"似是而非"（即有其他原因在起作用）的关系会涉及很多严肃的问题。假设我们提出了"吸烟导致肺癌"的观点，但这时特德可能会反对，因为他观察到的是：相较于不吸烟者，吸烟者往往会喝更多酒，因此，也许是酒导致了肺癌，或者是烟酒的共同作用导致了肺癌。特德的批判看起来要比"小妖精"的说法靠谱得多，且并不能被立即否定。我们需要更多的证据——也许可以从肺癌的发病率入手，来对这四个群体进行对比：不吸烟者、吸烟但不饮酒者、饮酒但不吸烟者、饮酒且吸烟者。假设我们获得的新证据显示，即便是将饮酒考虑在内，依旧发现吸烟似乎会增加患肺癌的风险，而这时特德可能又会说："好吧，但是吸烟者也许会比不吸烟者喝更多的咖啡。"这一批判又会让我们启动新一轮实验。

我们什么时候才能绝对地、肯定地宣布，某一因果关系"并非似是而非"呢？换言之，我们什么时候才可以说，我们已经确定了某个结果的原因，且不存在其他任何可能的解释呢？这一问题的答案可能令人有些不安：永远都不可能。批判者总是有可能声称，某个新的因素可以解释我们眼中的原因与我们眼中该原因所导致的某个结果之间的关系。现在，为了更加笃定，我们可能要收集大量与我们的解释相一致的证据，例如数千个支持"吸烟有害健康"这一结论的研究——因为有这么多证据存在，我们就很难再说吸烟无害，且我们有足够的信心证明吸烟是有害的。但我们永远都无法完全排除掉一种可能性，即这种证据充分的关系可能是似是而非的。

这就是批判性思维如此重要的原因。所有的解释都有可能遭受挑战，但挑战本身也可以被评估。任何人都不能简单地说："一切科学知识都是错的，世界实际上是因'小妖精'而运转的。"在科学家看来，当论证遭到挑战时，挑战本身也一样必须受到某种评估。也就是说，我们期待提供解释的人和挑战解释的人都能用证据来支持他们的主张,而所有这些证据都必须经过权衡和判断。我们必须以同样的高标准来要求解释和挑战。

评判社会科学断言

评判科学推理(也包括社会科学)总是围绕着评价证据展开。要支持断言,就必须提供与断言相对应的证据,且该证据必须可以让批判者能够对其进行评估。

鉴于证据在科学中的核心地位,科学家有义务诚实地报告他们的证据。科学家的任务是:找到最佳的证据,清楚地解释他们是如何对该证据进行收集和分析的,并以完整和准确的方式报告他们的发现。如果科学家有不诚实的行为,就会被认为是巨大的丑闻,而一次丑闻就足以毁掉一个人的科学生涯。

撇开这些丑闻不谈,关于证据的质量和对证据的诠释,也经常会有很多争议。任何一项研究都难以避免存在疏漏——完美是不存在的,批判者们可能会质疑证据的合理性。例如,他们可能会说,研究者收集证据的方式或分析证据的方法可能影响了结果。单凭一份研究报告不太可能给任何事情下定论，这就是为什么新闻媒体大肆炒作新的研究"突破"往往只是助长了不良信息的传播。因为每项研究都有可能影响其结果的局限性，而研究者本人，同其他人一样，很难批判性地思考自己的研究可能存在什么问题。因此，其他研究者不会轻易接受原始研究的断言，而是在该研究的启发下，转而进行自己的研究：要么是重复之前的研究，来检验结果的重复性；要么是采用稍有差异的程序，来检验结果的差异性。这样做有助于验证之前的研究是否做到了因果有据。

对于大多数就社会科学研究所进行的批判性思考而言，核心就是讨论证据。虽然这么说也许会让你大跌眼镜，但这一点毋庸置疑。本章所使用的论证都比较简单直白。我选择了"小妖精"让灯亮、灯灭的例子，就是因为这个例子很荒诞。此外，尽管"坐在教室前面就会得高分"这一说法似乎有一定道理，但毫无疑问，还有许许多多影响学生成绩的其他原因。比如，他们的学习效率、测验时候的身体状况等。虽然"吸烟致病"这一说法现已成为共识，但在这之前还是经历了一个漫长的过程。烟草行业曾耗费几十年时间，极力挑战研究者关于"吸烟致病"的断言，试图通过各种论证来说明吸烟与疾病之间存在的关联其实是似是而非的，真正的罪魁祸首可能是酒、咖啡……（你懂的）。最终，无数采用不同研究设计的研究成果凝聚起来，用如山的铁证说服了大众：吸烟确实有害。

因此，一切科学知识都要以证据作为基础。基础越强大、越坚实，我们就会对所拥有的知识越自信。在铁证如山的情况下，今天已经很少有人会质疑吸烟有害了。尽管如此，一种被人们普遍接受的因果关系依旧有可能百密一疏。哪怕是我们今天还深信不疑的事情，如果明天出现了更具有说服力的新证据，也会遭到挑战。而且大多数我们关心的问题（例如是什么导致人们患病，或者是什么决定了学生最后的成绩），答案一般都比较复杂，因此评估证据的过程也会十分复杂。

这就是大多数社科类的本硕专业都设有统计学和方法论的相关课程的原因。尽管从表面上看，比起一些实务性课程，这些偏理论的课程趣味性较低，但这些课程却是社科学者的必修课，可以教会他们如何让自己的研究产出有据可循。确实，通过掌握做研究的最佳实践方法，所有的学生（不只是那些计划将来成为研究者的学生）都可以获得评估研究报告所需的工具。我们每个人都有必要搞清楚研究过程中易犯的错误，这是因为在我们的一生中，各种关于研究结果的断言无处不在，而想要成为一名有见地的公民，就需要对这些研究报告进行批判性的思考。

证据的重要性

社会科学旨在探索由现有最佳证据所支持的知识。证据本身无法永远完美，总是要受到批判性的评估。要实现科学进步，并不是靠单方面宣布正确的声明，靠的是提出主张的研究者与评估证据的批判者之间的对话。

证据是一切社会科学的核心，但是因为不同的学科讨论的话题不同，研究的问题也大相径庭，因而在社会科学中，批判性思维需要面对的挑战也不尽相同。所以，我们现在一起将注意力从一般的社会科学转到社会学上吧。

批判性思维小贴士：

- 对因果关系的解释有四个评判标准：因在果前、因致果变、因果有据、因果明确。绝无可能建立一个绝对明确的因果关系。
- 社会科学中的批判性思考主要做的就是评估证据的质量。

第五章

权威与社会科学论证

从孩提时代起，我们就被谆谆教导，要将课上所学的知识视为权威。当我们背诵乘法口诀时，我们被告之"3×3=9"是真理，不该也不能对其产生质疑。为了更加确定，我们可以用证据来证明该断言。例如，如果有三组硬币，每组3枚，那么总共有9枚硬币。

当然，我们还发现，并非所有的课都像公式那样绝对，我们所学内容的权威程度其实也不尽相同。三年级的时候，大多数人可能都上过一堂关于区分事实和观点的社会课。课上我们学到，尽管事实一定为真，但观点作为一种就事发表的断言，即便表达观点的人坚信自己的观点为真，仍可能会引起异议。因此，虽然我们都应当认同"3×3=9"是事实，但我们也应当承认，如果要论谁才是最棒的超级英雄，不同的人会有截然不同的观点。

在我们上高中以后，我们被鼓励进行更深入的思考，以理解这些由或多或少的证据支撑的观点。这就意味着，尽管剖析某些特定的历史事件，或者分析不同文学作品的象征性，可能会存在不同的解读，一些断言也可能会被认为比另一些更有说服力。

换言之，我们可以将"权威性"想象成一个连续体，一头是不可撼动的事实（如"3×3=9"），另一头是完全没有证据支撑的观点（如"不知道为什么我觉得蜘蛛侠是最棒的超级英雄，但我就这么认为"）。即便学校教育告诉我们，并非所有断言都具有同样的权威性，且我们可以并应当评估不同断言的证据，但事实上，学校教育依旧在鼓励我们尊重和遵从权威。

对于自然科学的断言而言，尊重权威的重要性尤为突出，而对于社会科学而言，这种重要性就小得多了。也就是说，如果一个物理学家或化学家告诉我，1个普通氧原子有8个电子，那么我（还有他们）会将这句话视为一个显而易见的事实，因为我会假定（而且我猜他们也一样）这一断言是由大量研究所支撑的。我不知道（主要因为我无法自证）这一知识是否与"3×3=9"一样确凿无疑，但是两者一定很接近。但是如果一位文学教授告诉我，某种解读《哈姆雷特》的方式才是唯一正确的，我可能会怀疑，这不过只是诸多不同解读方式中的一种，而其中的每一种解读方式背后都有一群支持者（同时我也会怀疑，就在我们探讨这一问题的同一时间，还有很多英文系的研究生在苦苦探究其他解读方法）。

在权威性这种连续体中，社会科学的权威性介于一贯被视为事实的自然科学与似乎基于观点的人文学科之间。正如我们在第四章中所强调的，社会科学的权威性源于可以支持其断言的证据。这样的证据会受到批判，且可能会被判定为力度相对较强或较弱的证据。

社会科学的挑战

当然，社会学只是社会科学的一支。不同的社会科学学科在研究人的行为时，其研究路径（研究视角）也有所不同。例如，在经济学看来，人会通过计算得到的最优解来实现目标，而心理学则旨在解释个体生物（可以是人，也可以是老鼠）的行为。社会学的核心观点是人会相互影响，它的目标是探索这些社会影响发生的方式，以及其背后的规律。

显然，社会科学的各个学科之间也会出现很多交叉点。比如，社会心理学（研究社会影响如何塑造个体行为的学科）就是心理学家和社会学家都会感兴趣的学科。同样，也会有社会学家采用经济学模型来研究人通过计算而得到的最优决策——理性选择如何塑造社会生活；类似地，一些经济学家也会研究社会安排如何影响人的决策。社会科学中每门学科都采取了不同的视角来解读人的行为，强调了人类生活中的不同方面。

在研究人的问题上，社会科学中没有任何一门学科能提供一个完美的视角——任何学科都有其局限性。例如，经济学也许算得上是社会科学中地位最高的学科了，经济学会设计复杂的模型，但这些模型在预测现实中的人的经济行为时，都有其明显的短板。理论上，市场应当反映市场参与者的理性选择，但是现实中的市场却陷入了"非理性繁荣"：股价飞涨，旋即暴跌，即我们熟悉的"经济繁荣与萧条的交替循环"。而行为经济学这一学科的出现，源自经济学家专门探讨为何在现实当中人的行为经常与经济学所设想的理性规律不符。

为了解读人的行为，行为经济学家转而从心理学当中寻求解释。他们通过做实验的方法，让实验对象在不同的条件下做决策，而实验结果显示，许多人所做的选择（按照经济学家的标准）并不是完全理性的。例如，在面对一系列被经济学理论视为同样有利的选择时，他们会表现出强烈的个人偏好，或者在一些情况下，他们甚至会更偏好一种不那么有利的结果。于是，行为经济学家将这些规律解释为人的心理作用的结果，如"锚定效应"，即先入为主，被最初获得的信息严重左右；"信息回避"，即下意识地回避，选择性地不获取现有的信息等。经济学模型通常假定人们会利用所需信息来做出理性决策，而"锚定效应"和"信息回避"这两个概念则很好地解释了为什么现实中的个体（以及市场）的行为可能与预期不符。然后，经济学家就可以援引这样的心理作用来解释为什么市场会呈现"非理性繁荣"，或者其他与经济学模型预测相矛盾的规律。

但这一推理过程也是有漏洞的。行为经济学家已经定义了一系列心理作用，在某些情况下用来描述相互矛盾的倾向。例如，在某一特定的情境下，如果个体不愿意采取行动，那么经济学家可能会为之贴上"现状偏好"（安于现状）的标签，而给那些在同样情况下渴望行动的人贴上"行动偏好"（崇尚行动）的标签。如果将这些标签整理成一个足够长的列表，经济学家就可以（在之后）解释人的几乎所有行为了。当然，给行为命名或贴标签与预测在某一情况下会出现的规律，完全就是两码事。换言之，这些经济学家永远无法告诉我们，在什么时候，以什么方式，人的行为会与经济模型的预测不相符。另一个漏洞就是，试图通过援引个体的心理作用来解释某个大型机构的行为（例如某个突然崩溃的股票市场），这实际上忽略了其所处的社会生活背景。

具有独特心理的个体与像股票市场这样的大型抽象组织之间的空间，就是社会学研究的范畴了。市场中的人并不是完全独立的，而是交织在复杂的社会关系网络之中。每个人都与他们的家人和朋友相联系，又与和他们一起工作和玩耍的人相联系。社会学家将这些关系命名为"社会世界"，即由共同活动以及志同道合之士所构成的网络。社会学分析的重心较少放在发生于个体大脑中的认知过程（例如"锚定效应""行动偏好"等）上，而是更多地放在了个体间的相互影响上。对社会学家而言，批判性思维常常会对这些社会影响进行深入分析。

社会学的挑战

与经济学家和心理学家一样，社会学家也存在一种倾向，他们认为社会学学科的断言是权威的。当然，这么说其实是有一些心虚的。正如我们上文所强调的，大多数人认为，社会科学的权威性大致处于自然科学与人文学科之间。但即便是在社会科学领域，也有很多人会质疑社会学家的权威性。

公众对于社会学的评价毁誉参半。常常会有批判者指出，社会学基本上就是一些大家都知道的常识，并不能增加大家的知识。更有甚者，他们还会埋怨，社会学家用大量晦涩难懂的术语来遮掩其观察结果的显而易见。此外，还有人埋怨社会学存在一种自由派的政治偏好，其研究是基于意识形态的，而非科学。这些都是这几十年来，针对社会学常见的批判声音。

即便如此，社会学在学术界依旧保持着相对稳固的地位。这也反映了一个事实：一直以来，社会学提供了许多塑造现代思想的关键概念，这些概念有领袖魅力、道德恐慌、行为榜样、重要他人、亚文化等。这些社会学概念之所以被人们接纳，就是因为很多人发现这些概念可以帮助他们更好地思考这个世界。同样，一直以来，社会学家在研究社会生活方法的开拓中也发挥了重要作用（比如社会调查法）。不光社会学家所使用的术语渗透到了流行文化之中，他们的理论框架和方法论也对其他学科产生了影响，包括犯罪学、人口统计学、法学、管理学、市场营销学、医学、政治学、社会工作学等。事实上，这其中的一些学科就起源于社会学，只是后来才分离出来，成为独立的学科。

尽管社会学经常遭到否定，被视为不重要的或无关紧要的学科，但它一直以来都极具影响力。即便遭到严重的攻击，也能够迅速恢复元气。例如，20世纪90年代，美国圣路易斯华盛顿大学决定取消社会学系，在一些人看来，这一学科已注定凶多吉少。当时关于社会学即将消亡的报道铺天盖地，然而到了最后，这些报道都只是打了自己的脸，因为该大学于2015年又重新设立了社会学系。

社会学与批判性思维

但是，社会学家的权威性，与经济学家相比，还是相去甚远。这一背景也支持了本书后面章节中所涉及的论证。我想要说的是，正是因为这一学科经常受到挑战，因此批判性思维对于社会学家而言，才尤为重要。社会学家的观点总是会招致各种批判的声音，而这些声音并非都来自社会学学科之外。

我们会看到，在社会学这个圈子里，同样存在许多内部争执。

与物理学家、哲学家，以及其他学科的学者一样，社会学家也会坚称自己的观点是具有权威性的。他们会说，自己已经接受了社会学理论和方法论的系统训练，有做研究和分析研究的能力；而物理学家、哲学家，以及其他学科的学者在说明自己的权威性时，也是如出一辙。

但是，有这样的资格也并不意味着社会学家的断言不能或不应受到批判性的评估。正如我们可以批判性地思考经济学家和心理学家的断言一样，我们同样可以评判社会学家所说的话。正如我们前面所讲的，批判性思维适用于评判任何断言，无论该断言的说话人背景为何。此外，最重要的，也是最难的一点就是对我们自己的思想进行批判性思考。

那我们又该如何对社会学进行批判性思考呢？本书会先采用社会学视角将社会学视为一门学科，将社会学本身视为一个社会世界，并试图理解该世界是如何组织起来的，以及其中的成员如何看待自身的行为。接下来的几章会详细分析社会学家的社会世界如何塑造了他们的行为，并探讨批判者可能会针对社会学家的观点提出的各种问题。

尽管本书会将重心继续放在社会学上，但社会学本身并不是一门孤立的学科。我们要探讨的许多问题都会与其他的社会科学学科相关,比如人类学、经济学、政治学等。这些学科都已经塑造了自身的社会世界,也被自身的社会世界塑造,因而许多挑战社会学家的问题,在其他社会科学学科中也很常见。

社会学家对许多研究问题都有着浓厚的兴趣,他们会使用不同的方法来回答这些问题,他们也经常意见不一。你需要理解,尽管我是一名社会学家,但我只表达我个人的观点,而且我很清楚,在很多问题上,其他社会学家可能并不会认同我的观点。我现在试图阐明的,是我在对社会学进行批判性思考时所做的事,以及我认为我提出的问题值得探讨的原因。我不能说我自己的观点具有很高的权威性,尽管在写这本书的时候,我也一直在对自己写下的内容进行批判性思考,但我也很清楚,其他社会学同人依然可能会驳斥我的一些断言,并且他们肯定也想就这些问题做出自己的论证。不管怎么说,我们总得从某个地方开始着手研究,那就让我们一起从分析社会学的社会世界开始吧。

批判性思维小贴士:

· 遇到来自权威的断言,应当对其进行批判性评估。

第六章

作为社会世界的社会学

CHAPTER 06

虽然有些人会在获得社会学博士学位后选择在政府机构、民意调查公司等单位工作，但大多数社会学家还是会选择在学院或大学任教。在两年制社区学院中，教师每学期可能需要教授五门以上的课程；而在能够授予博士学位的研究型大学里，教师通常每学期只教授两门课程。一般来说，教学负担较重的高校并不期待它们的教师做太多的研究；相反，随着教学工作负荷的减轻，学校对教师积极投身研究的期待也越来越高。

通常，研究最终都要走向论文发表。"出版或出局"这个概念也已流行了几十年——这是对新教师的警告，即没有出版物就不可能获得终身教职和晋升，这通常包括将文章刊登在一些专业期刊上。出版物被视为个人对其学科做出重大贡献的证据。社会学则为出版提供了许多途径。

学术阵营

迄今为止，我们一直将社会学视为一门综合学科，因为人们对彼此影响的方式感兴趣。虽然社会学家都认同这一基本研究路径，但他们可能会就研究某个主题的最佳方式产生分歧。想象一下，有几位社会学家正在研究餐厅里发生的事情。第一位社会学家，我们称她为安娜，可能会将餐厅视为一个工作场所，进而研究餐厅员工之间的分工，以及厨师和与顾客打交道的服务员是如何安排自己的工作的。比尔可能是一位食品社会学家，他感兴趣的是食品生产和消费的过程，以及食品对参与这些过程的各种人员的意义。卡罗尔可能会研究性别是如何影响餐厅员工与顾客之间的互动的，而德韦恩可能会专注于种族和民族的影响，而艾伦可能会争辩说，最有用的还是思考性别和种族之间碰撞所产生的火花。弗朗克是一名研究越轨行为的社会学家，他可能会去研究规范是如何被违反的……我们可以很容易地继续列举出许多研究路径。社会学的思维方式有很多种，其实是一件好事。比如即便像餐厅这样看似普通的场景，不同的社会学家都可以从不同的角度来观察，而且每个人所关注的焦点都会略有不同。

所有社会学家都有一个基本假设，即人会相互影响，尽管每个人都对不同的影响感兴趣。大多数社会学家都会专攻两三个主题，这些主题包括工作、性别、食物、宗教、教育、种族和民族、体育、越轨等。凡是涉及人类的问题，可能就有社会学家在研究它。要理解社会学的学科架构，其中一种简单直接的方式就是将社会学按照这些具体的研究话题进行细分。毕竟，在入门课之后，几乎所有社会学课程都会专注于某类专业性主题，而授课教师所教授的主题通常就是他们的研究专长。

还存在其他一些对社会学进行分类的方法。许多社会学家都认为自己的研究基本上可以归入某一特定的理论流派或方法流派，例如符号互动主义、冲突理论或理性选择理论。而且大多数社会学家在进行研究时，都会偏好某些特定的方法，最基本的区分方法就是将其分为定量社会学家（他们会使用统计学来分析数据）和定性社会学家（他们倾向于通过观察或访谈收集数据）。这些一般研究方法中的每一种都可以细化为更具体的方法，如调查研究等。

因此，如果我们问社会学家"你属于哪类社会学家"，他们的答案可能会反映他们对某些特定主题的兴趣，以及对特定理论和研究方法的偏好。

我们可以将社会学看作是由各种各样的思想学派（姑且称之为"阵营"）组成的。阵营依据研究兴趣、理论取向和方法论偏好的不同来进行划分。随着社会学的发展，一个人没有那么多精力去追踪该学科中的所有研究动态，所以大多数人的优选方案就是尝试或多或少地了解他们最感兴趣的几个阵营的研究动态。

阵营构成了社会学的主要框架。社会学家通过在学术会议上的演讲汇报或在学术期刊和书籍上发表成果来报告他们的研究。当社会学变成一门学科时，美国社会学学会（成立于1905年，后来将"学会"改为"协会"）和南方社会学学会（成立于1935年）等区域性机构可能会在一个房间里开会，因此参加会议的人都可以听到所有提交的论文，但是随着学科的壮大，多个小组会议被安排在不同的房间同时进行。如今，最大的专业协会美国社会学协会会同时举行数十场小组会议，其中一些小组会议被专门设计为圆桌会议，而每场圆桌会议又进一步细分为数十张桌子，每个人坐在桌子旁聆听演讲，每个桌子会围绕一个特定的话题或主题进行讨论，所以人们只能选择听他们最感兴趣的演讲汇报。这样的做法虽然可以将同属一个阵营的人凝聚在一起，但实际的效果是对整个学科进行了划分。同样，目前其他一些较大的协会也都包含了各类按照不同阵营所划分的专业版块。通过这样的方式，美国社会学协会为那些对特定主题（例如环境社会学、文化社会学等）、理论（马克思主义社会学、理性与社会）和方法论（比较历史社会学、方法论）感兴趣的研究者提供了多达50余个正式分会场。

社会学中这种并行发展的格局也塑造了其学术出版的格局。1968年的一篇文章曾试图罗列出所有美国社会学期刊：当时有16种论文期刊，其中9种（超过一半）是一般性质的，即至少原则上可以发表一切与社会学相关的论文。到了今天，共有100多种社会学期刊，且几乎所有期刊都只关注专业主题，只有大约10种是例外，包括《体育社会学杂志》《性别与社会》《城市与社区》等。同样，大多数学术书籍出版商也倾向于只出版有关特定主题或采用独特方法的社会学书籍。

简而言之，大多数社会学阵营都有自己的协会（至少是某些更大组织的分会）、自己的期刊，甚至还有自己的出版商，这些都为阵营成员提供了展示或发表作品的专属领地。而这样的领地也有"守门人",即会议组织者、期刊和出版社的编辑,他们负责对提交的作品进行筛选,并评估哪些研究值得传播。阵营成员们也会紧随其后,跟进相关动态。

这一切意味着,同属一所大学社会学系下的相邻办公室里的两名同事很可能属于不同的阵营:他们可能教授不同主题的课程,阅读不同的书籍和期刊。实际上,他们彼此之间的共同点,根本不及他们与在全国乃至全世界其他学校工作的同阵营伙伴之间的共同点多。

在某种意义上,每个阵营与其他阵营之间构成了竞争关系。同一阵营的成员会一起交流思想,一致赞同某个话题、理论或方法特别有趣或有用。他们倾向于参加相同的学术会议,阅读相同的学术期刊,并在上面发表论文。他们肯定自己研究路径的价值,并且可能会认为其他阵营中所发生的事情是无趣的甚至是错误的,尤其是那些围绕着特定理论方向或方法论进行研究的阵营,对敌对的思想流派往往极其缺乏耐心。这也导致这些人会花更多的时间与那些认同他们假设的人交流,而很少花时间追踪(更不用说讨论)其他阵营的研究动态。特定的阵营通常偏好特定的术语,因此不同阵营之间难以理解彼此,并且可能还会出现鸡同鸭讲的情况。比起直面那些挑战你想法的人,将时间和注意力投入到与你观点相同的人身上,会让你觉得更容易也更舒服。

当然,一个阵营的"守门人"通常会坚定地认同该阵营。这也意味着,当你向同阵营成员会阅读的某个期刊投稿时,该期刊的编辑和同行评审员通常也在这一阵营之中。同行评审员会对投稿的论文进行评估:他们的反应可能各不相同,从称赞论文完美无缺(很少发生),到提出改进建议,再到指出论文有严重缺陷因此建议编辑拒稿。理论上,审稿人并不知道作者的身份,而作者也不知道审稿人的身份(尽管有时可以猜出谁是谁)。

同行评审员被视为出版过程中的重要保障,旨在帮助发现和纠正错误,以满足发表的要求。与此同时,面向某一学术阵营成员的期刊通常会指派属于该阵营的成员来负责审稿工作。毕竟,将论文发送给阵营之外的审稿人(他们可能更难理解论文的内容,也更有可能对该论文提出批判)会让人觉得有失公平。但这也引发了一个问题,即倾向于认同作者假设的审稿人可能很难就论文的内容(前提、方法、结论)进行批判性思考。将审稿工作安排给同阵营的成员,可以确保提交的论文得到审稿人和编辑的赞同,从而最大程度地减少冲突。一旦这些论文被接受,它们将出现在期刊的页面上,而阅读它们的人往往也属于同一阵营。

阵营为其成员提供了一个受保护的避风港,阵营中有着相同研究兴趣、理论和方法论偏好的社会学家不仅可以相互交流,同时也最大限度地降低了不得不向那些异议者捍卫自己想法的风险。但是如果最困难也是最重要的批判性思维是对自己的想法进行批判,那么选择将我们的研究成果呈现给那些最有可能认同我们的人,其实并不是获得批判性反馈的最佳方式。

妒忌

社会学家在学者鄙视链中排在一个居中的位置。在大学里,他们既不像物理学家和化学家这样的"真正的科学家"那么严谨缜密,也不像哲学家和其他追求"真与美"的人文学科的学者那么高深莫测。正如我们在第五章中提到的,针对社会学家的攻击点就在于他们用难以理解的术语掩饰一些常识性的发现。面对这些批判的声音,社会学家可能会变得敏感和警惕。他们可能会妒忌那些看起来更受尊重的人,并

想方设法地让批判者们闭嘴。这种妒忌通常表现为下面三种形式之一:

物理学妒忌

一些社会学家更愿意强调他们的学科是一门科学的学科,并强调他们的研究逻辑与物理学家或化学家的逻辑类似,即先做出假设,再使用精确的方法对其进行验证。自然科学家的确广受推崇,还会有颁发给自然科学家的诺贝尔奖。相比之下,人们往往会怀疑社会学的价值。关于社会学并不只是常识这一观点,他们还是会犯嘀咕——毕竟,诺贝尔并没有设立社会学奖。

作为对这种不尊重的一种回应,一些社会学家会专攻方法论:他们会设计复杂的假设检验,并使用复杂的统计技术来分析结果。社会学的顶尖期刊特别重视此类研究。在我写这章内容期间出版的最新一期的《美国社会学评论》里,就包含了许多统计表格,展现了"网络和行为共同进化的随机行动者导向模型"(SAOMs)、"逻辑回归"(logistic regression)、"残差分析"(residual balancing)、"分层增长曲线模型"(hierarchical growth-curve models)等分析结果。只有很小一部分人有能力阅读并完全理解这些表格。这难道不就是社会学可以和物理学一样复杂的证据吗？

危险就危险在这里。使用复杂的统计数据的意义在于，这些数据可以让分析人员剖析复杂的信息。但是这些技术通常需要大量高质量的数据。在大多数情况下，为了使统计测试有意义，就必须要求这些数据具有代表性。也就是说，统计的数据并不排除特定类型的案例。问题就在于，社会数据的收集几乎必定会涉及某种形式的偏见。例如，人口普查数据似乎是一个很好的数据来源，因为理论上人口普查会对每个人都进行计数。但实际上，人口普查漏掉了大约1%或2%的人口，而这部分被漏掉的人往往与被统计的人不同——他们更穷，更有可能是非白人。有人可能会辩称，对大多数研究而言，一次覆盖人口总数98%或99%的人口普查应该可以提供相当不错的数据。但是，由于这些数据并非真正具有代表性，所以这些数据还不够全面。通常，那些饱受物理学嫉妒之苦的社会学家会通过以下方式来掩饰这个问题：他们会简要地承认他们的数据可能并不完美，但随后就解释说，这种情况并不鲜见，所以我们干脆就假设，这些数据已经非常好了，这样一来，我们就可以使用强大的统计学了。

对大量数据进行统计的另一个问题在于，更容易获得"统计学意义上的显著"的结果。由于学术期刊很少发表不具备统计显著性发现的文章，因此研究者倾向于将体现统计显著性视为一个研究目标。但是，尽管"统计学意义上的显著"这一表述听起来就像是在说，这个研究本身很"显著"（或者说很重要），但其实它想表达的并不是这个意思。一般来说，"显著性"（statistically significance）旨在衡量一种可能性，即研究者对样本的观察仅仅是由于偶然，而不是源于实际存在于总体中的规律。这与研究成果是否重要并没有直接关联。如果研究者有充足的数据，即使是非常小的差异（发生在人们生活过程中，在他们看来可能并不明显的差异），也可以实现"统计学意义上的显著"。假设你患上某种可怕且罕见的疾病的风险为万分之一，同时再进一步假设吸烟会使该风险翻倍，因此你现在患该病的概率为万分之二。这可能是一个统计学意义上的显著的发现，但该概率依旧很小，小到你不太可能会注意到。阅读研究报告所关注的重点永远都应该是：所报告的影响是否大到足以在人类现实世界和日常生活中被注意到。

当然，"物理学妒忌"这个词有点夸张。我的意思并不是说定量社会学家真的会因为他们没有受到和自然科学家同样的尊重而妒火中烧。我只是想强调，复杂的统计分析往往会反过来驱动社会学家刻意地寻找应用该方法的途径。哲学家们曾提出过"工具定律"："给一个小男孩一把锤子，他就会找到他要砸的东西。"同样，统计分析提供了一整套工具，而挥舞这些工具的诱惑也会扭曲社会学家们自己的想法。

哲学妒忌

一方面，在物理学妒忌的影响下，一些社会学家高估了他们的方法；另一方面，还有一些社会学家不那么看重方法论（尤其是严密的研究设计和复杂的统计分析），而更偏重理论研究。他们将关注点放在了抽象的理论和一些"大思想"上。他们饱受的是"哲学妒忌"之苦。

社会学之所以被诟病是在故弄玄虚，这些人难辞其咎。他们喜欢从伟大的哲学家那里借用术语，比如本体论、认识论、阐释学等。他们痴迷于抽象，喜欢提出他们自己认为很深奥的问题，比如我们如何获得知识。而当他们将注意力转向社会世界时，他们会不遗余力地定义概念并发明新词，以展现他们独到的见解。他们的逻辑是，如果他们写的东西很难被读懂，那么一定是他们做了一些相当了不起的事情。而且如果有人抱怨他们写的东西很难理解，那只能说明这些批判者理解不了复杂的推理。

那些饱受哲学妒忌折磨的人可以成为十分犀利的批判性思想家（前提是当他们批判对方时）。对于构成他人研究基础的毫无根据的假设，他们会提出毁灭性的批判。我们可以预想，在评判那些执着于方法论的定量派社会学家时，他们的言辞可能会相当激烈，但是他们经常将最犀利的批判指向那些持有对立观点的人。只要他们可以继续安逸地待在自己抽象的堡垒中，他们就可以抵御那些批判的声音，但当他们尝试离开舒适区，真正开始研究现实中的社会行为时，往往就会出现问题。那时的他们就会不得不做出妥协，做出与攻击对象相同的假设。

尽管物理学妒忌和哲学妒忌似乎是对立的，但两者都导致了同样的结果：这两类人群都很容易不由自主地从研究社会规律的轨道上脱离，而这些社会规律才是社会学研究的本质。两种形式的妒忌都会导致社会学家过于执迷于自己在做的事情，却忘记了为什么要这样做。尽管最终他们可能会证明自己有能力做一些非常复杂的事情，但很少会有人对他们的研究结果感兴趣。

社会激进主义妒忌

第三种诱惑是社会激进主义。有人说,知识分子都居于象牙塔之内,脱离了现实世界。这一批判触动了许多知识分子的敏感神经,尤其是刚入行社会学的人,因为他们关心并希望帮助解决一些现实的社会问题。一些社会学家自豪地称自己为学者型活动家,宣称他们搞的学术旨在促进社会正义。这些社会学家其实也饱受一种妒忌的困扰,即对"街头活动家"的妒忌。由于绝大多数社会学家都认为自己是政治上的自由主义者、进步主义者或激进主义者,因此他们妒忌的活动家几乎都属于左翼一派。

显然,社会学家有政治观点这件事本身并没有错,这与一个人有某种宗教信仰或音乐品味没有什么区别。但是如果他们的政治观点影响到了他们的研究结果,就会出现很多问题。研究者会做出各种各样的选择,比如确定研究内容、研究方法和解释数据的方式,这些选择不可避免地会影响他们的研究结果。这就是为什么社会学家需要小心翼翼地详细说明他们的选择——阐明他们的研究方法,以便读者能够评估研究方法可能对研究结果产生的影响。他们需要确保自己的政治观点不会歪曲他们的研究结果，或导致他们忽视、否定或排斥那些恰巧持有不同观点的研究发现。

归根结底，社会科学批判应以证据评估为中心。仅因为与收集证据的人政见不合就忽视证据本身是不妥的，因为这是一种针对人身的推理。但对产生该证据的选择进行批判却是可行的（这些选择可能确实受到了某个人的政治倾向的影响），但批判的重点应该放在这些选择对研究结果的影响上，而不是放在其背后的政治信仰上。

这三种妒忌（物理学妒忌、哲学妒忌和社会激进主义妒忌）都可能令社会学家误入歧途，导致他们提供的证据缺乏可信度。在每一种妒忌背后，都有对某种抽象概念（方法论的严谨性、理论的复杂性、意识形态的正确性）的执念，并没有将重点放在理解社会生活真实运作上。虽然他们努力想给他人留下深刻印象，但这一切都是以牺牲其对社会学问题的洞察力为代价的。

社会学的分裂

在本章我们提出，虽然社会学在学术界有一定影响力，但它的地位却微不足道。面对这一情况,社会学家持警惕的态度。部分是出于这个原因,部分是出于学科发展的考虑,社会学家组成了不同的阵营,即一个个基于不同社会学研究路径所划分的群体。清楚了社会学的这种分裂状态,我们就不难理解为什么批评家会有这样一种担忧:社会学缺乏一个凝聚的核心,即一个由所有该学科成员共享的基本框架。我们将在后面的章节中探讨由这一问题造成的一些后果。

批判性思维小贴士:

· 作为一门学科,社会学按照不同的研究主题、研究方法、研究理论划分成了不同的研究阵营。

· 社会学家可能会忽视社会学本身的目标,即理解人与人之间是如何相互影响的,而将关注的重点放在方法的严谨性、理论的复杂性和意识形态的正确性上。

第七章

研究取向

社会学家认识到，人们看待世界的方式各不相同。在某种程度上，这种差异反映了一个人在社会中的立场。我们都清楚，不同年龄、性别、教育背景、种族、职业、宗教或社会阶层的人都有不同的经历，都已融入不同的文化社会，且有着不同的兴趣，这些因素都可能会影响他们对自己的生活和整个社会的看法。社会学家所做的工作中，有很大一部分涉及比较不同社会立场的人们的态度或行为。

社会学家本身就代表了一种社会立场，代表了一种看待世界的独特视角。社会学家所习得的社会学视角将关注的重点放在了人与人相互影响的方式上。而且正如我们前面谈到的，根据理论、方法论或具体研究问题的不同，许多社会学家又分别加入了不同的学术阵营。与其他人一样，社会学家可能会受到自身多重身份的影响——除了社会学家（这令他们以不同于经济学家、心理学家或历史学家的方式来看待这个世界）和特定阵营的成员的身份之外，毫无疑问，他们也有特定的阶级、性别、种族背景等。

此外，不同的社会学家还会有不同的"研究取向"，这也会影响到他们看待这个世界的方式。我们可以将这些不同的取向视为不同的气质，这些取向支撑着社会学家的论点，进而影响着他们进行批判性思考的方式。本章将就社会学家的不同研究取向这一问题展开讨论。

乐观主义与悲观主义

尽管我们倾向于将乐观主义和悲观主义视为心理特征，但这两者也会影响社会学家对这个世界的解读。

乐观主义

乐观主义者认为，总体而言，一切事物总会向好的方向发展。在社会学中，乐观主义与进步思想有关。一些早期的社会学家（受进化论的影响）认为，可以将人类的历史视为一种社会的进化，在这种进化中，社会从早期简单的存在形式（如以捕猎和采摘为特征的远古社会）演变为更复杂的存在形式（如这些社会学家所生活的工业社会）。由于社会学兴起的背景是工业革命，许多早期最有影响力的社会学理论家会从社会类型革新的角度来审视社会变革。例如，法国社会学家埃米尔·杜尔凯姆提出，社会从传统的"机械团结"走向近代的"有机团结"；德国社会学家斐迪南·滕尼斯提出，社会的发展就是从"礼俗社会"向"法理社会"的进化。卡尔·马克思认为，历史会不可避免地走向共产主义，这是社会进步的另一种表现。因此，早期的社会学似乎都是相对乐观的。

要做出关于社会进步的断言，往往需要有关于物质福利的测量数据。纵观人类历史的大部分时间，新生儿的平均预期寿命大约为 30 岁，这主要是因为大约一半的儿童会在 6 岁前就夭折。而当今人类的预期寿命则要较之前高出几十年。乐观主义者认为，这毋庸置疑代表了一种进步。类似的还有，当今人类的识字情况和营养状况也有所改善，当代理论家认为这些反映了科学知识的急剧增长和广泛传播。简言之，乐观主义者会认同改进的可能性。尽管他们承认事情有可能会变得更糟，但他们相信人类有能力了解这个世界的运作方式，并利用这些知识来做出改善。

批评家认为，乐观主义取向存在若干问题：乐观主义者并不能保证一切都会向好的方向发展，也不能保证所有人都能平等地受惠于进步——因为还存在一种可能性：巨大的进步不过是昙花一现，即便是早已尘埃落定的丰功伟绩，一旦社会崩溃也会荡然无存。尽管不乏有证据证明最近几个世纪所取得的社会进步，但当代社会学家似乎在气质上更倾向于悲观主义。

悲观主义

悲观主义者所担忧的，是事情正在（而且可能会继续）变得更糟。通常，这种想法与强调衰落的历史观相关联。我们经常会听到这样的批判：在过去的美好岁月里，孩子们尊重父母并听从老师的话，成年人遵守法律并有强烈的宗教信仰，每个人都各司其职，并为自己的工作感到自豪，社会整体运转良好——但现在这一切已急转直下，而我们只能想象情况会愈加糟糕。

对变革持怀疑态度的政治保守派经常将社会衰落的情况挂在嘴边——从这个角度来看，社会学家似乎不太可能认同这种观点。但在自由主义者（正如我们前面章节所指出的，这个群体也包括大多数社会学家）的群体中，也存在着一种悲观主义。他们将关注点放在了一些阻挠社会革新的顽固阻碍上。在他们看来，种族主义、性别歧视和阶级制度可能会阻碍乃至毁灭一切进步。

选择性的举证为悲观主义提供了支持。例如，悲观主义者皮特喊道："今天的学校教育正在走下坡路。"你反驳道："但现在，更多人在校时间比以往都久。""也许是这样没错，"皮特继续说道，"但他们也比不上我当学生的那个时候。就在昨天，商场的收银员连个零钱都不会找，这你又怎么解释？"这个传闻想要劝我们相信：在过去，每个人都努力朝着好的方向发展，而今天不是。

哪怕社会真的取得了巨大的进步，这些人也会对其进行否定。即使你告诉皮特，今天的人拥有有史以来最长的预期寿命，他依旧会抱怨说，"但过去的人更快乐"。其实皮特并没有可以让他测量不同时期心情变化的快乐计量器，他只是单纯地确信，人们在事情变得更糟之前更快乐。

悲观主义总是在怀旧，总是在追忆美好的过去。社会学家怀旧的情绪常常围绕着社区的消亡。他们坚称，在过去的美好时光里，人们住在联系紧密的城镇和社区，在那里人与人之间彼此熟识，每个人都有一种归属感。相比之下，现代社会更加匿名化,用我最喜欢的一个社会学术语来描述就是,更加"失范"。有几本社会学畅销书的书名都与这个主题有关:《孤独的人群》(*The Lonely Crowd*)、《孤独的追求》(*The Pursuit of Loneliness*)、《独自打保龄球》(*Bowling Alone*)。在这种观点的影响下,我们发现孤独和社区的消亡是现代生活的症结所在。

这一观点其实存在几个问题。首先,它忽略了现代之前的那些社区的生活条件。别忘了,就在当时的这些地方,约有一半的新生儿在6岁之前就夭折了,而且当时这些地方的女性地位还很低下。当然,现在的世界已经改变,无论悲观主义者如何喋喋不休,很明显,这些变化中的许多都在朝着更好的方向发展。

悲观主义者和乐观主义者一样,都不能很有效地思考社会变革。社会究竟是有所改善还是变得更糟,这是一个社会学家可能会尝试研究的问题。而要衡量变化的好坏,就需要设计一些标准,而这些标准和测量方式就会自然而然地成为他人批判的对象。我们可能会发现,社会中有些情况有所改善,有些则有所恶化。而认定(正如乐观主义者和悲观主义者倾向的那样)社会中只存在一种主导规律,则可能是错误的。

文化队与结构队

文化和社会结构是社会学家思想的核心概念。文化基本上是指人们所知道的一切，即人们用来对世界进行分类的语言以及他们赋予这些分类的意义。文化是人类学的核心概念，因为早期的人类学家会前往遥远的地方，并记录生活在那里的人对世界的理解。这些人使用不同的语言，有着不同的习俗和不同的信仰，因此这些文化的独特特征很容易被识别，并与人类学家对自己所在世界的理解形成了鲜明对比。

我们很难识别自己文化的独特特征——因为我们沉浸其中，我们只是假设自己对世界的理解是正确的、正常的、明智的。这就是社会学非常依赖于比较的原因，通过比较，我们发现处于社会不同位置的人对事物的看法往往不尽相同。这一发现会令我们如梦初醒：原来，并非所有人都认同我们想当然的观点，我们的文化只是众多文化当中的一种而已。

除此之外，我们需要认识到，正如我们认为我们的文化或观点正确且正常一样，其他文化中的人们也理所当然地认为他们自己的文化正确且正常。无论何时，无论何地，所有人始终都沉浸在自己的文化中。

社会结构是指社会生活的组织方式。每个寻求维系的社会都需要男性和女性、儿童和成人。即使是在靠捕猎和采集为生的最小群体里，人们也会遵守社会安排，按照不同的小组来进行分工协作；而在规模更大的社会里，则会根据氏族、种族、性别、财富、地位、权力、职业、年龄、宗教，以及社会学家所研究的所有其他变量的差异，来设计出更加复杂的社会结构。

文化和社会结构以复杂的方式相互促进和强化。每个人所掌握的文化知识可以在很大程度上帮助他们了解自己所处社会的结构，因此大多数社会成员会将社会安排视为理所当然，就像本来就是如此，或者本该如此一样。与此同时，这些社会安排也会促进文化的再生产，例如，在社会安排的影响下，家庭和学校都会向年轻人传授文化知识。

在人类历史的早期阶段，大多数人都生活在同质化的小社区中，生活在那里的人们对世界的运作方式有着统一的看法。然而，如今生活在这样封闭小环境中的人数量相对较少。城市生活和庞大而复杂的社会往往可以使我们接触到形形色色的人，而电视和互联网等媒体也让我们接触到了更多背景迥异的人。即使我们觉得很麻烦，也必须认识到，这些人属于不同的文化和亚文化，他们也许吃着不同的食物，穿着独特的服装，有着让我们意想不到的行为方式。而人们想要理解这些差异的需求正是社会学存在的原因。

尽管文化和社会结构影响着所有人，并且两者都是社会学的基本概念，但社会学家往往只强调其中一个概念而淡化另一个。由此我们可以将两者视为辩论赛中的两支队伍：文化队和结构队。我们常常会听到先有鸡还是先有蛋的争论，即究竟谁是因谁是果——是文化驱动了社会结构的发展，还是社会结构塑造了文化？这一问题又引发了关于社会学中一些特定主题的争论。

就贫困来说吧。贫困是社会研究者最关心的问题之一，也是无数研究所讨论的主题。鉴于我们对贫困有着相当多的了解，我们似乎有理由问：是什么导致了贫困？对于这一问题，文化队和结构队的答案截然不同。

文化队

顾名思义，文化队强调，文化是导致贫困和许多其他社会现象的主要原因。按照社会学家的定义，文化指的是人们所知道的一切，包括他们的词汇、他们的规范（他们所认可的行为规则）和他们的价值观（他们的理想）。想象一下，一个社会中存在两个子群体，虽然这两个群体可能都告诉年轻人，他们需要好好学习、遵纪守法、努力工作、晚婚晚育，但其中一个群体（里面有很多成年人都达成了这些目标）会一再强调这些要求，而另一个群体（里面的成年人没有达成其中的某些目标）似乎对这些要求没有那么上心。换句话说，这两个群体的文化不同。前一个群体可能会乐意相信，延迟满足是通往成功的途径；而后一个群体则可能会表现出一种宿命论的情绪，他们认为年轻人不可能在改善生活方面有很大作为。因此，可想而知，在前一种文化中长大的孩子，相较于那些在一个价值观不稳定的文化中长大的孩子，在学校的预期表现会更好。

如今，文化队更容易吸引政治保守派的加盟，这些人认为贫困是糟糕选择（例如辍学或犯罪）的结果，而糟糕的选择又是有缺陷的文化的产物。在论证中，他们倾向于淡化社会结构（例如阶级差异和种族歧视）的作用，相反，他们认为解决贫困的方法在于个体做出更好的选择。

结构队

结构队回应说，美国社会中存在着很多不平等，包括社会阶层不平等（这意味着有些人的收入和财富远远超过他人）、种族不平等（例如非白人种更有可能在不完整的家庭中长大，他们预期寿命更短，并遭受各种形式的歧视）等。这些结构性安排让那些具有优势的人更容易完成学业，远离麻烦，避免贫困，而让那些缺乏优势的人更难克服他们所面临的障碍。

结构队的成员往往都是政治自由主义者。他们倾向于抵制那些强调文化作用的解释，有时还会使用到"受害者有罪论"来驳斥这种说法。在他们看来，文化队所谓的"糟糕选择"，其实可以更好地理解为是这些人用来应对结构队挑战的创造性方式。结构队争辩说，住在郊区的中上阶层的孩子表现出色并不奇怪，毕竟，他们拥有一切优势。但贫困的孩子都来自困窘动荡的家庭，他们上的学校差，跃升的机会少，因此难免有人感到沮丧或气馁。结构队坚称，与其将个体的错误选择归咎于文化，不如尝试纠正结构性问题，这样才能真正解决贫困问题。

哪一队才是对的？

你可能会认为两队说的都有道理。贫困是一种复杂的现象，可能无法找到单一的原因或解决方案。但毫无疑问，文化和社会结构在塑造不同个体的行为方式方面都发挥着作用。这意味着，我们最好避免完全赞同一种解释而否定另一种解释。坚称我们知道唯一真正的原因并完全拒绝考虑其他观点，只会将社会世界过分简化。其实完全没有必要誓死效忠于任何一方。通过评判证据优劣来确定文化和社会结构何时以及如何产生作用，才是更有意义的做法。

局内人与局外人

我们对文化和社会结构的关注点，不可避免地取决于我们所处的位置（立场）。我们究竟是身处于特定的文化和社会结构之中，因而倾向于将这些立场视作理所当然的局内人，还是窥视着陌生的文化或社会结构，试图理解其中事物的局外人呢？人类学家有时将这两种视角称为主位（局内人）视角和客位（局外人）视角。其重点是要认识到两者各有利弊。

局内人对他们的世界有着透彻清楚且细致入微的了解，而局外人则可能永远无法对其完全了解。然而，因为他们将自己的世界视为理所当然，所以他们可能很难意识到他们（以及该世界的其他成员）所做出的假设，或者对这些假设进行批判性思考。另一方面，局外人可能会发现，他们更容易对他们所研究的世界保持客观，但他们对该世界的细节问题却总是不能完全理解。

事实上，当我们在世界中穿行时，我们既是局内人又是局外人。我们每个人都有特定的身高、年龄、性别、种族，以及独特的个人经历。没有人能够完全理解我们的经历和感受。在某种程度上，我们可以将其他人均视为局外人。

这有助于解释为什么某些社会学具有自传性质。对社会生活的某个方面有着一手经验的社会学家（如属于某个特定的族群，或身为女性，或从事过某种职业）会更容易认识到，为什么这一方面对社会学而言很有意义，并且会有动力研究这方面的问题。这样的例子不胜枚举，有些甚至可以追溯到美国社会学早期的几十年，例如伟大的美国非裔社会学家 W. E. B. 杜波依斯的《费城黑人》（*The Philadelphia Negro*）以及他关于美国黑人的其他经典著作。

毫无疑问，社会科学家的发现在某种程度上取决于他们局内人或局外人的身份。但在讨论自然科学家时，很少会涉及这个问题。我们会理所当然地认为，研究分子特性的化学家或者观察天体运动的天文学家是局外人，并且我们会认为，研究化学或天文学就应该采用客观的方法。相比之下，社会科学家则可以就客观性是否可能或可取的问题展开激烈争论。

局外人认为，客观性对社会科学的重要性与其对自然科学的重要性是一样的。但局内人认为，这种客观性是不可能的，局外人永远无法完全理解他们想要研究的社会过程。在某些情况下，局内人会坚持认为，局外人甚至都不应尝试研究本就不属于他们的群体。

尽管当代社会学家更倾向于质疑局外人对某些群体进行研究的能力，且最近的许多民族志都是由局内人撰写的，但其实，以上两种观点都有一定的道理。值得一提的是，局内人和局外人视角其实各有优劣，无论使用哪个，都可以写出优秀的作品。

悲剧与喜剧

鉴于许多社会学家都倾向于悲观主义，因此他们惯以悲剧性的视角来看待自己的研究对象也就不足为奇了。他们关注的重点通常是研究对象所面临的挫折和困难。他们将自己的中心话题界定为不平等以及不平等对个体生活所造成的侵害。他们倾向于关注使人们的生活变得困难的社会结构安排，并努力帮助他们的读者理解被研究者的困境。

相比之下，还一些社会学家则采用一种喜剧性的（或者至少是讽刺性的）视角。欧文·戈夫曼（Erving Goffman）的许多研究都在探讨人们似乎对支撑他们日常生活的假设一无所知。例如，他研究了人们在试图给他人留下好印象这一过程的过程中，是如何设法使自己相信他们具有自己所描绘的品质的。类似地，他将骗子说服受害者不要报警的手段，与人们之间相互帮扶走出日常生活困境的过程联系在一起。换言之，人们对某件事进行粉饰的行为意味着，在人们对其行为的解释与他们试图淡化或隐瞒的其他目的之间存在着差距。这种差距——即人们的想法（或至少是他们所说出的想法）与他们实际做的事情之间的差距——一旦被揭露出来，可能会令人大跌眼镜，这就自然会引发喜剧效应。凡是阅读过大量社会学研究的人，都可以列举出很多带有喜剧色彩的例子。

在《有什么好笑的？文化与社会的喜剧构想》（*What's So Funny? The Comic Conception of Culture and Society*）一书中，社会学家默里·S.戴维斯（Murray S. Davis）指出："幽默嘲弄的对象就是社会学所研究的现象。"也就是说，幽默会呈现出各种社会情景、套路和行为模式，以及对期望的违背，更不用说自欺欺人和虚情假意了。无论某些社会学家多么声色俱厉地坚称他们的研究主题很严肃，没有什么可笑的，但社会评论往往都会出现滑稽的反转。你不妨想想像汤姆·沃尔夫（Tom Wolfe）和大卫·布鲁克斯（David Brooks）这样的记者，他们提供的有趣的、充满社会学知识的分析，总是带有浓厚的喜剧色彩。你还可以想想管理学中的"帕金森定律"（只要还有时间，工作就会不断增加，直到占满一个人所有可用的时间）或者"彼得原理"（等级制度下的人往往会晋升至他们不能胜任的职位），这些看似出自社会学家之手（译者注：前者出自历史学家诺斯古德·帕金森，后者出自管理学家劳伦斯·彼得。）的幽默思想，都对社会实践提出了尖锐的批评。虽然大多数社会学家都喜欢以悲剧性的视角来审视他们的研究主题，但这并不排除研究中采用喜剧取向的可能性。即便当前社会学研究普遍更看好悲观主义，更喜欢从结构的角度解释社会现象，更愿意倾听局内人的真实声音，这些都阻碍了社会学家走这条少有人走的路。

取向的重要性

本章讨论的主题包含了乐观主义取向与悲观主义取向、文化取向与社会结构取向、局内人取向与局外人取向、悲剧取向与喜剧取向,这些都可以视为社会学研究的气质或风格的问题。在社会学家决定如何开展研究和展示研究时,这些因素会影响他们所做的选择。尽管在社会学家选择了某种风格之后,可能会有人提出质疑,但无论选择上面提到的哪一种风格,其实都是合理的。

这些取向与批判性思维之间存在什么关联呢?从理论上看,在评判某个社会学论证的优劣时,风格问题似乎并不重要。但在实践中,许多社会学家可能会发现,对一项不同于自己的风格的研究进行评估是一件很难的事。清楚不同取向的存在可以帮助我们将该研究置于恰当的背景之中,以便对其进行更有效的评估。

批判性思维小贴士:

· 我们需要学会思考一项社会学研究背后的取向:是乐观主义取向还是悲观主义取向?是突出了文化的作用,还是突出了结构的作用?研究该问题的学者究竟是局内人还是局外人?研究视角是悲剧性的还是喜剧性的?

第八章

措 辞

CHAPTER 08

我们都依赖语言进行思考。我们所知道的词汇以及我们赋予它们的含义塑造了我们的思想——在这一方面,社会学家也不例外。我们使用的词汇会影响我们对这个世界的理解和解释。然而,由于社会学家的任务是解释社会成员的行为方式和原因,因此在措辞上,他们需要特别谨慎。这不可避免地会牵扯到局内人或局外人的问题,因为社会学家只能使用在社会中习得的词汇,还要站在一个类似于局外人的立场来审视该社会。因为词汇的含义可能是含糊不清的,所以就有可能会造成困惑。

术语

批判者经常嘲笑社会学家使用不必要的复杂语言(所谓的术语或"社会学腔")来为他们的想法穿上浮夸的外衣。他们想表达的是，社会学家那种装腔作势的语言不过是为了掩盖"社会学只是常识"这一事实。甚至连社会学家自己也在批评说，该学科内的其他阵营使用艰深晦涩的词汇简直是多此一举。

这种批判的声音会迫使社会学家进行反驳。有些人会辩称专业术语对于精确地表达思想是必要的，以此证明他们的"文风"是正确的——毕竟，化学家和其他学科的科学家都会使用专业术语，因而社会学家当然也有权决定他们所使用的词汇。但其他社会学家则更有可能会承认，对行话的批判确实不无道理，因此，他们会呼吁整个学科应提倡更清晰明了的写作风格。

社会学家的语言问题不仅仅涉及文体。社会科学措辞中存在的一些真正的陷阱，可能会给社会学家的推理带来一些逻辑上的问题。例如，从书名来看，社会心理学家迈克尔·比利希（Michael Billig）所著的《学会糟糕地写作：如何在社会科学领域取得成功》（*Learn to Write Badly: How to Succeed in the Social Sciences*）一书表面上只是对术语的又一番抱怨，但其实他在书中还提出了一个更重要的观点：新词的创造会诱导社会学家将这些新词与实际的解释等同起来。这一问题通常涉及描述社会进程的新名词，例如官僚化（bureaucratization）

或现代化（modernization）。我们现在来看看，这样的词是如何让人们错以为这个词就是解释本身的。我们假设阿什利观察到，社会通过吸收并应用其他社会的实践而发生变化。由于这通常涉及该社会变得更像我们眼中的其他现代社会，因此她将这一过程称为"现代化"。如果有人问："某社会发生了什么？"答："它正在现代化。"如果继续问："为什么说它正在现代化？"答："因为它变得越来越像其他现代社会。"

这么一说，我们就会自然认识到，这是一种同义反复（tautology），即一种因为假设 A 是真就认为 A 是真的谬论：某社会正在现代化，因为它变得更像其他现代社会（而这其实正是现代化的定义）。但通常这种措辞表达还会使用更多的冗词来进行修饰——例如宣称某社会"正在经历现代化的过程"。这种表达增加了一个表示被动语气的动词"经历"（一种通常会将行动者模糊化的语法手段）和全然无用的"过程"一词（之所以说"过程"二字多余，是因为按照定义，现代化本身就是一个过程），于是我们得到的最终表达就是"变得更像其他现代社会这一过程的过程"，但这仍然只是一种描述，而不是一种解释，添加更多的词并不能真正帮助阿什利解释任何事情。

流行词汇

社会学家的词汇库（就像所有语言一样）会随着时间的推移而演变。随着新的术语变得流行，曾经的流行词汇也会"失宠"。例如，在20世纪初，"colored"（有色人种）一词是对深色皮肤的非洲裔人种的礼貌且尊重的称呼（成立于1909年的美国全国有色人种协进会，全称就是"National Association for the Advancement of Colored People"，简写为NAACP）；到了20世纪中叶，"colored"一词已经"失宠"，"Negro"（黑人）这个词却变得更受欢迎（如1944年成立的"National Negro College Fund"意为"联合黑人学院基金会"）；到了20世纪60年代后期，"black"一词已经取代了"Negro"（如成立于1971年的国会黑人核心小组，全称为"Congressional Black Caucus"）；后来"Afro-American"（短暂流行了一阵子）以及"African American"（非裔美国人）这样的表达也开始受到关注。在不同时期，人们出于尊重使用这些术语指代同一群人，但随着每个新术语的采用，之前的术语似乎就显得过时、失礼，甚至不尊重。

我们再来分析一个例子。19世纪后期，在形容那些被认为不那么聪明的人时，专业人士使用的礼貌用语是"feebleminded"（字面意思为"心智疲软的"）；随着心理学家开展智力测试，他们又创造了新的术语，例如"moron"（该词的定义是智商在51到70之间的人）；到了20世纪中叶，"mentally retarded"（字面意思为"心智迟缓的"）一词取代了"moron"（以及"imbecile"和"idiot"，这两者也是指代处于某低智商分数段的人的术语）。当前我们首选的术语是"intellectually disabled"（字面意思为"智力上无力的"）。其实上述所有术语最初都曾受到医生、心理学家和其他专家的青睐。当这些术语还"闪闪发光"的时候，使用这些术语标志着一种开明、进步的专业精神。但是随着这些术语在大众中传播开来，就慢慢带有了贬义，于是对更庄重的新术语的需求应运而生。使用新术语表明你懂得尊重，而继续使用旧术语则表明你孤陋寡闻、愚钝麻木，甚至粗鲁无礼。

这种规律（就比如一个新术语突然出现，然后广泛传播，不料最终却退出了流行舞台）是所有流行时尚的标志。尽管我们倾向于将流行时尚与轻浮联系起来，但即使是最严肃的社会世界也离不开时尚。特定的社会学词汇在很大程度上都是特定时代的产物。新词不断涌现，旧词逐渐消失："oriental"

（东方）变成了"Asian"（亚洲），"gender"（性别）取代了"sex role"（性角色），"language"（语言）变成了"discourse"（话语）……此外，还出现了诸如"compulsory heteronormativity"（强制性异性恋正统主义）等新概念。这些术语变化一部分受到了社会整体语言变化的影响，而另一部分则仅局限于社会学的范围，甚至仅局限于特定的社会学阵营。

我们需要注意到，这些术语已经变成了一种身份符号。社会学家（尤其是那些饱受哲学妒忌之苦的社会学家）通过对当前流行的复杂术语做到信手拈来，向世界证明他们紧随学科的前沿发展，屹立于该学科先进思想之巅；相反，坚持继续使用不再流行的术语则会暴露自己落后于时代，甚至会使自己与旧时期的错误牵扯在一起。作者和编辑必须就他们所选择的词语做出各种决定：如果你选择小写的"black"而不是大写的"Black"，你想表达什么特殊含义？如果你将"Black"（黑人）大写，是否也应该将"White"（白人）大写？当你要指称一个普通人时，你应该选择"he"（他）还是"she"（她），还是"he or she"（他或她），还是"they"（他们）？这些决定虽然看似微不足道，却能大致显露你的立场，并影响他人对你以及对你的思想的评判。

显然,新术语不会以均匀扩散或一步到位的方式传播,而是会沿着现有的社会网络传播。在社会学中,刚出现的新术语最初往往会先在阵营内部传播。有些术语永远不会越过其所在阵营的边界,而另一些术语则会被其他社会学阵营吸纳,甚至会被社会学以外的人采用。最成功的术语可以影响媒体、政府官员以及其他具有正确用语权威性的现实人物。相较于指代某一较大类别人群的术语,更换指代某一较小类别人群的术语可能更容易;同时,相较于某个群体自己提出要更换新标签,再将标签强加给他人可能会更难。例如,由于"African American"(非裔美国人)一词正在取代"black"(黑人),于是就有人建议将"white"(白人)重新命名为"European Americans"(欧洲裔美国人),但该术语从未获得太多关注。同样,由于人们对跨性别者的关注日益增加,那些对性别问题感兴趣的人就将性别认同与其身体性器官相匹配的人称为"cisgendered"(顺性别者)。这个术语(在我写这章内容时还相对较新)是否会被普遍采用仍有待观察,但由于这个词描述了绝大多数人,而这其中的大多数人可能并没有对这个词的需求,因此这一术语似乎不太可能会在特定的学术阵营和社会圈子之外发扬光大。

新词汇之所以能被采用，往往是因为它们非常有用。大多数新词都是为了描述日常生活而出现的。我不知道"直升机父母"（helicopter parent）这个词是谁发明的，但很多人都采纳了这种表达。其他术语，例如"行为榜样"（role model）或"重要他人"（significant other），虽起源于社会学，却传播到了一般人群之中——尽管出现在特定社会学阵营中的大多数新词不会（也不应该期望会）被广泛传播，可能是因为这些词在其他人看来并不是很有用。因此我们可以推想，如果社会学家采用更通俗的文风进行写作，那么社会学著作的读者人数势必会变得更多。

定义

发明新概念还存在一个问题。社会学家很少给他们发明的术语下足够精确的定义，以便其他人可以就概念的含义划出清晰的界限，从而可以肯定地说"这个例子属于这一概念，另外那个则不属于"。

我们现在来思考一下社会学家在20世纪40年代后期开始谈论的越轨（deviance）问题。这一概念背后有一个很有趣的思想，即人们在认识和看待犯罪、精神疾病、自杀和婚外性关系的方式上存在相似之处。乍一看，这些问题似乎指向了不同类别的现象。例如，犯罪的人被认为要对自己的行为负责，而精神病患者则不然，所以罪犯受到惩罚，而精神病患者却可以得到治疗。然而，在现实中，两者确有相似之处：关押罪犯的监狱和收容大量精神病人的疗养院（其中许多人并非自愿入院）之间似乎并没有什么不同。

因此，社会学家就开始探索是什么将这两种现象联系起来，并最终提出了"越轨"这一概念。最初，他们认为"越轨"应该被定义为对规范的违反。这一点在罪犯的身上非常明显，因为犯罪会违反法律。但是精神病患者又违反了哪些规范呢？难道真的有规定说我们不应该严重抑郁吗？社会学家试图通过解释精神疾病涉及违反残余规则（即不成文规则）来回答这个问题。但"越轨是打破规范"这一定义还是存在各种问题，于是我们转向了"标签理论"，该理论将"越轨"定义为人们眼中"越轨的"任何东西。当然，这是一个人们在日常生活中通常不会使用的术语，因此很难知道究竟该如何应用这一概念。自那时起，社会学家已经提供了数十种甚至数百种关于"越轨"的不同定义，但归根结底，这些定义中的大多数都认同，

"越轨"涉及打破规范和/或被贴上"越轨的"标签。

但真正的问题是要弄清楚"越轨"这一概念究竟涵盖了哪些领域,而不是怎样去定义这个概念。犯罪和精神疾病当然涵盖在这一概念之内。那同性恋呢?曾经被认为伤风败俗(并且通常被归入越轨范畴)的同性恋及其他各类性取向,现在在大多数社会学家眼中,都不属于越轨范畴。同样,现在关于越轨的课程也不再涵盖早期研究越轨的教科书中所列举的一些话题,例如赌博、离婚和婚前性行为等。事实上,社会学家曾将各种迥然不同的现象界定为不同类型的越轨,其中包括爵士音乐家、染红色头发的人、大屠杀和残疾等。但他们尚不清楚这些现象背后有什么共同点,也就是说,他们尚不清楚究竟该如何定义越轨。我们可以看到,其他社会学概念也存在类似的混淆情况,而这些概念的定义则严重依赖一些标志性的案例,提出这些概念的人就好像在说:"看哪!这些例子说明了这一概念。"

概念蠕变

将概念建立在模糊的定义上的问题在于,它们可以很容易地被应用于许多主题,而且适用这一概念的主题数量还会越来越多。这种现象通常被认为是该概念具有有效性及其作者具有影响力的标志，因为当其他一些严谨的研究者需要使用某个术语时，就会对发明该术语的作者进行引用，而这样的引用则提供了"证据"，表明该作者是一位有影响力的思想家，且该概念也是有效的。所有这些都强化了人们使用流行词汇的趋势。这样一来，这些流行词的创造者以及那些追随新潮的使用者就都获得了有利的关注。

当概念本身的定义很模糊时，这种引用就很容易实现。我们再次以"越轨"为例。我们都知道，惯用右手的人要多于惯用左手的人，而且手表和剪刀等许多日常用品在设计时都会让惯用右手的人更容易使用。那为什么没有人说左撇子是一种越轨呢？这就将左撇子问题与更广泛的社会学思想联系了起来。

请注意，左撇子与犯罪和精神疾病（典型的越轨）有很大不同。左撇子不会被迫关进类似于监狱或精神病院的机构。在一个为惯用右手的人所设计的世界里，他们只是会遭受一些小小的不便。例如，他们更难给手表上发条或使用剪刀，而且他们可能会成为开玩笑的对象。现在，我们可以想象一下"社会不便"这一概念可以涵盖的范围（比如，从严厉的惩罚一直到最温和的不赞成），其中罪犯的不便是受到监禁，而左撇子的不便是遭到戏弄。显然，当社会学家开始探讨越轨时，他们设想这一概念是用来指代那些受到严厉制裁（如监禁）的人，但随着时间的推移和其他社会学家开始将爵士音乐家和染红色头发的人等纳入越轨的范畴，这个概念涉及的领域就开始扩大。

这就是"概念蠕变"（concept creep），即某个概念所囊括的内容随时间的推移而扩大的现象。这一过程不存在自然的终点。我听过有社会学家半开玩笑地说："其实，每个人都是越轨者。"但是，如果我们把这句话当真，就会出现问题：如果每个人都是越轨者，那么"越轨"一词的含义已经与之前天差地别，以至于它现在成了"人类"的同义词。这时，这个词已经失去了作为社会学思考工具的所有价值。"概念蠕变"这一概念在社会学中的意义，相当于"恶性通货膨胀"在经济学中的意义，即由于某个术语可以用来指代太多不同的事物，因此它变得一文不值。

推动概念蠕变这一过程的正是上文所分析的那些模糊概念。社会学家倾向于使用示例来定义他们的术语，而其他人也可以进一步添加示例，于是逐渐地，几乎是无声无息地，这些新添加的示例会越来越偏离最初萌生该术语的原始示例。

我们不妨思考一下欧文·戈夫曼（Erving Goffman）的经典文章《论全控机构的特征》（On the Characteristics of Total Institutions）。戈夫曼并没有为"全控机构"提供一个精确的定义，而是指出某些机构"所具有的包罗性要远远大于其他机构。此类机构的包罗性或全控性表现在该机构与外界进行社会交流时出现的障碍以及试图离开该机构时出现的障碍上，而这些障碍通常直接建造于实体建筑之中，例如锁上的门、高墙……我将这样的机构称为全控机构"。戈夫曼接着又列举了各种符合这一概念的场所：监狱、精神病院、军事基地、修道院等。模糊的定义并没有影响到戈夫曼的分析，因为他文章中的示例足够有代表性。而随着"全控机构"这一概念越来越有影响力，人们开始将这个术语应用于更广泛的场景中，包括高中和大学。我们能够理解这样做的缘由所在——称一所高中为一个全控机构，实际上是在暗示高中就像一座监狱，而这样一个风趣幽默的定义就是在表达这样的潜台词，即至少有一部分学生会感觉自己被囚禁在学校教室里。那么其他令人感到隔离或监禁的环境又该怎算呢？比如像购物中心或主题公园这样的地方。没有什么可以阻止一个狂热的社会学家将这些都纳入"全控机构"的领域之中。

我们可以想象一下，如果自然科学家也采用这种定义方法又将是怎样一种情形。例如，假设化学家说，具有超过8个质子的原子也可以被算作是氧。不得不说，这种说法简直是荒谬。自然科学家会很好地控制概念的边界。例如，我上小学时学到的是有9颗行星围绕太阳运行。然而在2006年，天文学家投票决定将冥王星重新归类为矮行星，因此今天的孩子在学校里学到的就是太阳系有8颗行星。冥王星之所以被降级，一部分原因是它的轨道和构造都与其他行星不同：靠近太阳的4颗行星的主要构造材料基本都是岩石，而较远的4颗行星都是巨大的气体球，而冥王星则只是一小块冰冻状态的物质。当时的天文学家发现，还有其他更小更远的冰冻体也在围绕太阳运行，如果冥王星算行星，那么这些天体不是也应该加入行星的行列吗？于是他们决定划清边界，将冥王星从行星列表中剔除，而不是在该列表中添加许多小而无趣的冰冻体。

为什么社会学家会觉得很难掌控概念的边界呢？这个问

题不仅是定义不清这么简单。套用一个熟悉的既定概念是有好处的，因为这样一来，研究者就可以说他们正在研究的东西，无论是什么，因为类似于某个已被认可的概念（或者与之相似，或者本质上与之相同），所以可以作为该概念的道德等价物。同时，研究者还可以将该概念的权威性为己所用。

但这样做是有代价的。如果一切论证的目的都是说服，那么论证其实就是一种交流形式——论证的目标是将一个人头脑中的想法转移到另一个人的头脑中。我们的措辞可能会导致这个目标更易或更难实现。使用晦涩难懂的社会学术语可能会令使用者感觉自己很聪明或老练，但这也会阻碍目标受众的理解和关注。此外，如果没有明确的定义来划定社会学概念的范围，这门学科就很难取得持久的进步。

批判性思维小贴士：

· 措辞有时会影响论证的清晰性。

· 措辞会受流行术语的影响。

· 由于社会学概念定义不够明确，因此很容易导致其所指范围无序扩张。

第九章

问题与测量

CHAPTER 09

关于这个世界，我们可能有各种各样的问题：上帝真的存在吗？为什么天空是蓝色的？什么是公平？正义存在吗？我们需要认识到，社会学只能帮助我们回答某些类型的问题。社会学家可能会对上帝是否存在各抒己见，或者会对他们在基础科学课上所学到的为什么天空是蓝色的解释记忆尤深，但他们在解决这些问题时，并没有使用到社会学的专业知识。

社会学问题

如果说社会学视角关注的重点是人们对彼此的影响，那么社会学问题讨论的正是这些影响是否起作用，为什么起作用，或如何起作用。因此，在实践中，尽管社会学家很少自以为是地谈论上帝的存在或天空的蔚蓝，但他们很可能会就什么是公平或公正发表严肃的看法。有些人甚至提出，社会学家应该致力于促进公平或正义。然而，社会学家在社会学方面接受的训练，并不足以让他们对公平或公正做出权威的裁决。

关于公平和正义的断言是基于个人价值观的价值评判，而价值观上的差异常常会导致关于社会政策的争论。我们不妨思考一下那些耳熟能详的热点问题，比如枪支、堕胎、死刑、平权、安乐死、移民、毒品，人们对这些问题的争论永无休止，这些人倾向于用公平、正义、道德、自由、权利和平等等价值观来证明自己立场的合理性（正如第二章所解释的，这些是他们论点中的理据）。通常，反对他们的人会援引相同的价值观，例如堕胎合法化的支持者和反对者都从权利（只不过一方是妇女的选择权，另一方是胎儿的生命权）的视角来佐证他们的观点，正如平权争论的背后是关乎公平的不同观念。价值观是抽象的，人们可以援引同一种普世的价值观，但在实践中，又会对该价值观做出不同解读。

价值评判因时间和地点而异，没有人比社会学家更清楚这一点，毕竟他们研究的是文化之间的差异。两个世纪前，有些美国人坚称奴隶制是公平、公正、正常和可取的，但同时，也有其他美国人提出异议。社会学家所感兴趣的问题是，人们在不同时间点使用了何种论证来支持或反对奴隶制。他们的主要工作是研究关于公平或正义的特定思想如何以及为何出现、传播或消失。在我们这个时代，几乎所有人都认为奴隶制是错误的，但是无论是声称奴隶制不好，还是声称某事公平或不公平，都是出自个人价值观，而非社会学。

如果人们在表达自己价值观或发表意见时援引了自己的资历（比如作为某大学某学科的教授），那么该断言是出自个人价值观而不是社会学的这一事实就可能会被遮掩。如果告诉别人某个权威人物持有某种观点，可能就会更容易说服别人接受这一观点。但我们还需要考虑这些人物资历的相关性：医生可能会比外行更有资格谈论医学话题，但只有在话题与他们具体专业相关的情况下，他们的评判才更具说服力。同样，如果一名社会学教授签署了一份请愿书，就某个非社会学问题表明自己的立场，那这也只能被视为他在以公民而非社会学家的身份发声。

显然，所有社会学家（与其他人一样）都有自己的价值观。完全"价值中立的社会学"应当被视为一种理想目标，因为这要求研究者努力诚实地评估证据，防止他们的价值观影响他们的研究成果。然而，在实践中，价值观往往会影响社会学家所选择的研究内容，甚至影响他们分析证据的方式。

实证问题

社会学家有时会说："这是一个实证问题。"这句话的意思是：这个问题可以通过检验真实世界来回答。让我们举一个简单的例子。想象一个挤满学生的大学教室，这时，亚当想知道班上的男生是否多于女生。要得到答案，他可能会环顾教室，并简单地数一下男女的人数。班级中男生是否多于女生的问题就是一个实证问题，可以通过检验所观察到的证据来回答。

当然，并非所有实证问题都是社会学问题。理论上，我们可以就"为什么天空是蓝色的"的各种解释进行分析，但这一过程并不涉及社会学推理。同样，并非所有关于社会学的议题都必须是实证（甚至是社会学的）问题。社会学家对不平等问题非常感兴趣，但正如我们所见，人们还可以提出一些超出社会学领域的关于不平等的问题，例如，"不平等是否公平？"社会学家可以收集证据，来研究各种类别、程度和后果的不平等问题,而我们则可以就这些主题提出各种实证问题。不平等问题可以用社会学视角来研究,但社会学却无法判定不平等是对还是错。

测量

要回答一个实证问题,我们需要设计一些方法来检验我们收集的证据,来衡量我们试图理解的东西。让我们回到亚当的问题上。在亚当的案例中,他的方法是对男生和女生这两个类别计数。然而,布伦达对这种方法提出了异议:如果在亚当进行观察时,有些学生缺席了该怎么办?又或者有的学生长相模棱两可,很难通过观察确定他们的性别怎么办?换言之,亚当的观察方法可能无法准确测量男生和女生的数量差异。然后查克提出了一种不同的方法:只需查看班级名册并计算出男性名字和女性名字的人数即可。但是黛比反驳说,查克的方法也有问题,因为像阿德里安或泰勒这样的名字可以是男生也可以是女生,所以如果他能找到一个记录了每个学生性别的班级名册,才能解决这一问题。但是埃德提出,仅仅用眼睛观察或对照名册核对学生姓名的方法都是有缺陷的,因为并非每个人的性别身份都是非男即女——一些学生可能会拒绝社会将他们简单归类为男性或女性。

这样的争论还可以持续下去。这其中的关键在于，凡是要回答实证问题，都需要一个收集并评估必要证据的步骤。任何真正做过研究的人（即使只是计算教室里的男生和女生的人数）都必须做出选择，决定要检测什么以及如何进行检测。正如亚当和他的朋友们之间的讨论所揭示的那样，人们总是有可能在事后评判这些选择，分析为什么某种特定方法可能不是收集证据的最佳方式。此类争论所围绕的关键词有两个：有效性（validity），即所提出的方法是否切合内容；可靠性（reliability），即每次使用该方法时是否可以得到相同的结果。

在上文所讨论的亚当的案例中，将研究对象标记为男性或女性两大类别这件事，基本上就如同他所提出的测量方法一样，简单又明了。在绝大多数情况下，那些被归类的研究对象本人、研究者和阅读研究报告的人可能都会认为这种非男即女的二元分类方法相对而言没有什么问题。但是，情况可以很快变得棘手起来。

假设琼斯和史密斯两人共同参与了一场竞选，而你是一名民意调查员，想知道哪位候选人领先，以此预测选举结果。

这听起来很简单，对吧？但是关于收集公众对选举意见的最佳方式，还存在着各种各样的问题。首先，你应该调查谁？你可以去购物中心，问问在那里遇到的人们，他们更喜欢哪位候选人——但并不是每个人都会去那个购物中心，只有一些在那个购物中心停留更久的人才更有可能遇到你。为了获得更准确的结果，你需要获得"代表性样本"。在这一案例中，这些样本要代表的是居住在选举举行地区的人。获得这些样本的过程，可能要比跑一次商场更加耗费时间和金钱。但你最终还是克服了这些问题，并找到了一群具备良好代表性的样本对象进行采访。做到这一点很重要，因为你希望能够做出概括——即论证虽然你访谈的人数相对较少，但他们的态度依旧可以反映该选区的整体态度。

即使获得了代表性样本，在统计上也依旧会存在问题。你也许应该忽略样本中那些没有投票资格的人的回答（可能是因为他们是未成年人或非公民）。此外，你也许还应该忽略那些虽然可能有资格但未登记投票的受访者。严谨的民意调查专家还会有更严格的标准：他们会试图通过询问受访者是否打算投票、是否曾在上次选举中投票，以及他们是否知道自己的投票站在哪里，来确定谁有可能会投票。然后，取决于最终哪些受访者包含在汇报的调查结果之中，支持琼斯和史密斯的人数比例可能会上下波动。对了，你还得考虑到那些说自己还没有决定好选谁的人，还有因为认为个人选择与你无关而拒绝回答的人，你得想好究竟该如何处理这些人的回应。

这是所有研究者都要面临的问题。凡是测量，都涉及决定应该测量什么（例如，某个班上男生和女生的人数、支持琼斯与史密斯的人数）以及如何进行测量（例如，计算人数或检查班级名册、决定哪些受访者应该统计在调查结果中）。这些选择都会对研究结果产生影响——这就意味着，批判者可能会对其进行质疑和批判。你所选择的方法不可避免地会引发其他问题。例如，如果在你进行观察的当天有学生缺席了该怎么办？要如何处理一位在最近几次选举中都没有投票的受访者的观点？这些情况都意味着你将必须做出更多的选择，并且可能会遭到更多的批判。

我们不妨回忆一下批判性思维的基本原则，就是批判性地思考你自己的推理和选择是最难的。这就是为什么社会学专业的学生要学习方法论课程（讨论不同测量技术的优缺点）和统计学课程（侧重于评估测量结果的方法）。这些课程旨在指导学生做出更好的测量选择,从而得到更有效、更可靠和可推广的研究结果。这些课程强调,我们需要清楚研究者的选择是如何影响他们的研究结果的,同时,研究者和阅读研究报告的人都需要批判性地思考研究中所选择的测量方法。

方法论课程还会教给学生研究者有义务将这些选择作为他们研究报告的一部分描述出来,以便读者可以评估研究者选择的方式是否有效。例如,即使是关于民意调查的新闻报道,也要提供各类相关的基本信息,诸如进行民意调查的日期是哪一天、哪些受访者包含在内(是所有登记了的选民,还是只有可能会投票的选民)、样本中的受访者人数是多少、访谈问题是如何措辞的等。这些信息可以帮助读者判断他们究竟应该对民意调查的结果抱有多大信心。

测量的是什么

所有测量都涉及妥协。每个研究项目都需要时间和金钱,这给研究者的选择增加了现实方面的限制,除此之外,还有一些其他类型的妥协也会让研究者感到困扰。我们不妨拿犯罪这个研究主题来举例说明。我们对人们谈论犯罪率上升或下降早已司空见惯，那我们应该如何测量犯罪率呢？答案似乎是显而易见的——美国联邦调查局（FBI）不是在"统一犯罪报告"中公布了犯罪率数据吗？但事实上这样的统计数据并不完善。联邦调查局所收集的这些数据，来自当地执法机构关于"警方已知犯罪"的报告中。换言之，如果一桩犯罪并未报告，那么当地警察永远无从得知，也就无法向联邦调查局报告该事件，因此也就不会被计入犯罪率。事实上，有大量犯罪事件并没有被记录在案。除此之外，还存在很多其他问题。例如，当地警察局可能故意漏报一些已知的犯罪行为。为什么？因为隐瞒这些犯罪会给人一种错觉——其管辖范围内的犯罪率很低，这样可以显得该部门治理有方。此外，并非所有司法管辖区都会向FBI报告，同时，犯罪率也不包括所有犯罪。换言之，联邦调查局所公布的犯罪率其实是一个非常不完善的测量结果。

这些问题导致美国联邦政府尝试以第二种方式来测量犯罪率。"全国犯罪受害情况调查"（National Crime Victimization Survey，简称NCVS）由美国司法统计局进行。该调查询问了大样本人群最近是否受到刑事伤害，以及他们是否向警方报告了该犯罪行为。被调查的受害者声称，大约有一半的情况他们并没有将犯罪案件报告给警方。因此NCVS得出的受害率要高于FBI得出的犯罪率。但NCVS所收集的信息同样存在不足。比如，NCVS只调查了很少的犯罪类型；受访者可能只是拒绝承认受害。此外，NCVS显然也不能询问人们是否曾被谋杀。

尽管如此，许多研究者还是选择使用FBI或NCVS提供的数据。这些数据可能并不完善，但可以轻易获得，并且犯罪学家自己也清楚这些数据的局限性。另外也很难想象，除此之外研究者如何才能更准确地测量犯罪率。因此，妥协不可避免——可用的数据并不完美，但它是我们所能获得的最好的数据。

这样的问题屡见不鲜。社会学家往往对犯罪等抽象概念感兴趣，但无法直接对其进行测量。例如，我们不妨思考一下如何来研究人们对犯罪的恐惧。每个人或多或少都经历过恐惧，毫无疑问，每个人都害怕犯罪。于是，我们因为很多人关注犯罪，便将这种现象贴上"对犯罪的恐惧"的标签。但我们可以对其进行测量吗？一些犯罪学家提供的解决方案是"调查"。许多早期的研究都是基于对以下问题的回答："在这附近，是否有你夜间不敢独行的地段？"请注意，这个问题里甚至不包括"犯罪"这个词——研究者只是假设,对这个问题的肯定回答就意味着受访者正在经历对犯罪的恐惧。对于这种间接的测量方法,我们又该抱有多少信心呢?

质疑测量方法

正因为社会学家在研究中所采用的测量方法无法达到完美,所以批判者总是有可能对其提出质疑。除了简单地指出数据的缺陷之外,这些人经常批判说,研究者所选择的测量方法在某种程度上扭曲了他们的研究结果。

全国人口普查就是一个很好的例子。理论上讲,人口普查应该可以对所有人进行统计,而美国人口普查局也确实大费了一番周章,试图得到完整而准确的统计数据。然而,在实践中,人口普查总是无法将所有人囊括其中,而没有被统计的人和被统计的人往往背景有所不同——尤其是那些没有被纳入统计的人,往往更贫穷或者属于少数族裔。由于美国人口普查结果不仅用于决定每个州在美国众议院中的席位数量,还用于决定各州可以获得的各项联邦计划的资金配额,因此统计数据有缺陷后患无穷:那些有大量人口未被纳入统计数据的州与所有人口都被统计在数据之内的州相比,所获得的权力和金钱都要更少。人们对人口普查的不满不仅是因为它没有准确地统计所有人口，更是因为这种统计不完善的情况会有利于一部分人而不利于另一部分人。

类似的问题也会妨碍社会学家选择合适的测量方法。这种扭曲不一定是故意的，有可能只是未被察觉或被淡化了。但是，也没有简单的方法来解决这些问题。解决这些问题的关键在于批判性思维和研究的透明度。研究者必须谨慎考虑他们所做的选择及其影响。他们需要解释自己的决策过程，包括决策背后的理由。他们需要将这些信息呈现给他人，比如同行评审员和期刊编辑，以便他们据此来评估研究者所做的选择。

而社会学中的社会组织又会影响这个过程，因为社会学研究者往往属于特定的阵营，他们的研究往往会出现在这些阵营的地盘中，由这些阵营的编辑和同行评审员监管，这就意味着评判研究者作品的，正是那些同意研究者基本观点的人。因此，参与该过程的每个人都必须对他们正在评估的研究进行批判性思考，这一点尤为重要。在接下来的章节里，这些困扰会继续伴随着我们。

批判性思维小贴士：

· 社会学家的特殊资历仅限于解决研究人与人相互影响的社会学问题。

· 可以通过收集和评估证据来回答实证问题。

· 所有研究者在收集证据时都会对其所使用的测量方法做出选择，而这些选择可能会影响他们的发现。

第十章

变量与比较

CHAPTER 10

因为社会学家都是试图分析自己所属社会的局内人,所以他们必须努力与自己保持距离,远离他们主观臆断的文化和社会结构。比较社会生活的各个方面成为保持这种距离的关键手段,由此他们就能够发现和展示社会中正发生的事情。因此,"比较"在社会学推理中占据着核心地位。

这种比较可以包含多种不同的形式。社会学家认为最基本的比较是不同类型的人之间的比较:男性与女性、年轻人与老年人、富人和穷人,或者不同种族的人。他们还可以比较不同类型的社会安排,例如家庭结构、机构组织或宗教。有些社会学家将重点放在地点的不同上,他们会比较不同社区、不同城市甚至不同国家的社会生活,还有一些则将重点放在时间的不同上,从比较人们在一天中不同时间的行为方式到追踪几个世纪以来的社会变化。要理解这种比较的逻辑,我们首先要思考变量的内涵。

变量

变量指的是存在多个值的概念。其具体值的设定取决于研究者的选择。比如,"高度"可以分为两个值(高和矮)或者分为多个值(按照英尺或厘米计量的高度)。因果论据则至少涉及两个变量:原因被称为自变量,因为它的值与结果的值无关。自变量的变化会导致某种结果,这种由自变量所导致的结果被称为因变量,因为它的值取决于自变量,且因变量也是被测量的变量。例如,电灯开关的开关状态(原因)不受(且独立于)灯泡是否发光(结果)的影响。但是反过来,灯泡是否发光却取决于开关是否打开。

我们用一个简单的论点来举例说明。有人说,学生学习的时长越长,他们的成绩就越好。这其中,学生的学习时长是自变量,他们的成绩是因变量。假设我们决定通过比较两组学生在一次满分 20 分的拼写测试中的成绩来检验这一论点:A 组学生学习时间超过一小时;B 组学生学习时间不足一小时。表1展现了我们可能会发现的结果。我们可以明显看到自变量的不同值（即学习时间的长短）对学习成绩产生的不同影响。

表1 学习时长不同的学生拼写测验的平均成绩

学习时长	超过一小时	不足一小时
成绩	17.9分	14.4分

如果想要了解导致某些因变量（例如犯罪）的原因，我们可以比较不同的自变量。例如，男性犯罪比女性多吗？经常参加宗教仪式的人犯罪是否比不参加的人少？城市居民是否比郊区居民更容易犯罪？是白天犯罪多还是晚上犯罪多？在以上每种情况下，比较的对象都是这些自变量（即性别、宗教仪式参与情况、社区类型、一天中的时间）的不同值。

然而，还有第三种变量：干预变量。干预变量会改变原因对结果的影响。假设有人知晓我们关于考试成绩的研究结果，决定继续研究在学习时听音乐会如何影响自变量（学习时长）和因变量（考试成绩）之间的关系。表2展示了这一研究的发现。这项新研究通过比较4组学生来研究"听音乐"这一因素（干预变量）对学习时长不同的学生的成绩的影响：A组学生学习超过一小时且期间未听音乐；B组学生边听音乐边学习超过一小时；C 组学生学习不足一小时且期间未听音乐；D 组学生边听音乐边学习不足一小时。在这种情况下，独立变量和干预变量都是比较的对象。在这一研究中我们发现，学习时长越长，学生的拼写考试成绩越好，但无论花多少时间学习，边听音乐边学习都会导致成绩降低。

表 2 学习时长不同的学生在学习时
是否听音乐的情况下拼写测验的平均成绩

是否在学习时听音乐	测验成绩	
	超过一小时	不足一小时
否	18.3 分	15.6 分
是	16.2 分	12.8 分

比较的复杂性

简而言之，社会学家要做的就是比较。他们所做的许多比较都是为了探讨不同类别的人群的生活差异，但这样做很容易掩盖有效比较的复杂性。下面，我们来讨论一下关于比较的两类基本问题。

第一类问题涉及方法论。我们来回忆一下第八章中关于测量的讨论。为了比较不同类别的人，我们需要清晰定义不同类别的界限标准。但这一过程比我们想象的要更加棘手。

例如，虽然研究者长期以来一直认为，可以要求人们将自己归类为男性或女性（这一分类方法依旧适用于绝大多数人对自己性别的认识），但我们渐渐发现，问卷会让人们从更多的选项中选出自己的性别。同时，与性别这一变量相比，社会学家所使用的大多数变量会更加难以被明确测量。就拿社会阶级这一变量来举例吧。这个概念是指收入（人们赚钱的多少）吗？或者说，它真的关乎财富（人们所拥有的财富价值）吗？这个概念关乎职业（但是要知道，依旧有一些农民或律师可以赚取高昂的收入，即使其他农民或律师的收入相对较少）吗？这个概念关乎一个人受过多少教育吗？这些问题的答案（尽管可能令人不满意）可能都是"嗯""是的""差不多"……大多数社会学家都承认阶级是多方面的，而且很多人的阶级界定似乎都很模糊。例如，他们受过高等教育，但收入却相对较低。无论此类反例多么有趣，但当社会学家试图进行实际研究时，他们通常没有时间大费周章地分析研究中每个人的类别。相反，他们倾向于使用一些简单容易、快速上手的测量标准（例如家庭收入或父母的教育程度）来按阶级对人进行分类。

换言之，对人进行分类永远无法尽善尽美，并且总会招致质疑。这导致了第二类问题——这些问题与理论有关，即方法论背后的推理。通常，社会学研究报告的开头段落，会通过论证该研究回答了（或至少部分回答了）社会学理论提出的一些问题来证明进行某种比较的合理性。实际上，该研究报告的作者只是在强调该项目值得读者关注，因为这种比较可以帮助读者了解他们感兴趣的东西。但读者总是有权发问："那又怎样？"作为应对这一挑战的方式之一，作者可以解释说，该研究提出了一个理论上有趣的问题。

不同类型的比较结果

想象有一个四格表，该表将研究者的期望分为两组（预测比较会显示差异和预测比较不会显示差异），并根据研究结果的不同，再将每组按照显示差异和没有显示差异进行划分（见表3）。该表中的四个单元格分别代表了不同类型的研究结果。在标记为 A 的单元格中，研究者预测某种比较会显示差异，并最终发现了差异。对于研究者来说，这是最理想的情况。社会学期刊中这种文章十分常见：作者先是发展理论，再推导出可以通过某种比较进行检验的假设，然后报告结果证明其符合假设。这一研究结果似乎十分令人鼓舞，因为它表明作者提出的理论可能是正确的,并且值得进一步探究。

表3 研究者的假设和可能的结果

实际研究结果	研究者的假设	
	预期有差异	预期无差异
发现差异	A	D
没有发现差异	B	C

B单元格所表示的情况十分重要。在这一情况下,社会学家预测会有差异,但结果却没有证明差异的存在。这表明社会学家的推理可能是不正确的,或者世界并不按照研究者认为的那样运作,或者假设背后的理论可能有误。从原则上说,诸如此类的否定结果十分重要,因为它们表明理论未能正确地预测。然而,研究者通常会笃信他们的推理是合理的,而且他们可能不愿意仅仅因为这项研究未能支持其预测,而放弃他们的理论。相反,他们也许更倾向于其他可能的解释:也许是因为社会学家没有将研究设计好,才使其无法正确检验理论的预测;也许通过更好的分析技术,例如更复杂的统计检验,会使研究结果更符合理论的预测;也许该理论在一般情况下是正确的,但需要稍作修改以符合研究结果——在

面对一个未经证实的预测时,他们往往会让理论受益于怀疑。

在实践中,B类这种否定结果的研究成果很难发表。期刊编辑很乐意接受证实理论假设的A类研究,但相比之下,否定结果出现的原因往往不会被归咎于理论,而会被归咎于研究者——批判者可能会怀疑是研究者做错了什么。当然,如果几位研究者都得到了否定结果,那么认为该理论存在某种缺陷的观点就可能获得更多支持。但在短期内,在大量证据表明事实并非如此之前,还是存在着一种惯性,倾向于认为理论是正确的。

期刊编辑不愿意发表否定的研究成果会造成十分严重的后果。假设研究人员已经启动了10项不同的研究课题来确定一种新药是否比现有药物更有效,并且这10项课题中有9项反映该新药疗效不佳,但这些B类研究可能都不会被发表(特别是如果该研究是由开发该药物的制药公司资助的,那么该公司对发表否定结果几乎没有任何兴趣)。相反,表明新药物比现有药物有效的唯一一项A类研究得以发表,从而成为关于此问题的唯一公开发表的研究成果。然后,任何想要搜索这一主题文献的人都只会看到对新药物优势的肯定。

表格右侧的两个单元格提出了一些不同的问题。一方面，预测无差异是比较少见的（而不是很有趣的）情况。C单元格的情况相对来说就更少见了，因为通常来说，如果已经预测到比较不会显示差异，再想说这样的预测有趣就更难了。然而，社会学家有时会使用这样的论点来挑战被人们普遍接受但可能是错误的看法。例如，我们假设存在一个普遍的刻板印象：某一种族相比其他种族更容易犯罪。一名社会学家可能认为，种族和犯罪之间有显著关联可能是似是而非的——实际上是社会阶层的不同在影响犯罪的可能性。他继而预测，如果我们将社会阶层作为控制变量，那么犯罪和种族之间的显著关联就会消失。然后，这名社会学家可能会预测，不同种族中更加富裕的社会阶层的犯罪率会同样低，不同种族中不太富裕的社会阶层犯罪率会同样高。在这种情况下，他发现了差异并不存在于种族之间，而只存在于社会阶层之间，这就成了一个非常有趣的研究结果——且这与社会学家的预测一致，这样一来，编辑就会倾向于将这一成果发表。

第四个单元格 D 的情况要稍微复杂一些。在这一情况下，本来预期没有差异，却发现了差异。上文中我谈到，结果无差异的预测常常用来挑战传统思维。然而，与研究者预测的结果无差异的情况相比，与之矛盾的 D 类结果所获得的反馈和对 B 类结果的反馈类似——它们可能被认为是有缺陷和无法定论的。

正如上文所述，研究者（以及评审他们研究成果的人）倾向于将更多的精力花在理论推理上，而不是他们研究的实际结果上。理论提供了一个框架，这个框架是一个用来理解大量观察结果的工具。人们自然不愿意将有价值的理论与令人失望的研究结果一起丢弃。不仅如此，理论观点也构成了划分社会学中主要学术阵营的基础。面对未能证实理论预测的研究结果，许多阵营成员可能会通过解释来消除那些令人不安的发现，以让该理论可以继续存在下去。

重复验证

我们总是倾向于从单一的、决定性的视角来看待研究：某人设计了一个关键性的实验，产出了一项戏剧性的发现。相关媒体的报道加深了这一刻板印象。

事实上，在实践中，科学的发展速度比这慢得多。怀疑论者可能会质疑一项发现并坚持重复验证这项研究，其基本思想是重复相同的步骤应该会产生相同的结果。例如，每次我们混合两种等量的透明液体时，都会生成蓝色的混合物。

如果发现结果不同，我们就知道另有原因，然后必须弄个究竟。进行彻底的研究可能需要很久的时间，这就是为什么当新闻媒体宣布有重大科学突破时，我们应该对此持怀疑态度。在结果被重复验证之前，任何发现都应被视为暂时性的。研究报告需要经过检验、评估，且最好要经过重复验证。

在实践中，社会科学研究很难进行重复验证。我们来举一个熟悉的例子。我们经常看到评论员因多次选举民意调查的结果不同而感到沮丧。他们会问，为什么在第一次民意调查中候选人琼斯领先，而第二次民意调查就显示候选人史密斯领先呢？我们已经从第八章关于测量的讨论中了解到，可能发生这种情况的原因有很多。例如，不同的民意调查可能会询问不同类型的人（第一项民意调查可能包括了所有成年人的回答，而这些人中有人并未登记投票；第二项民意调查可能只计算了登记选民的回答；第三项民意调查可能只包括了民意调查者所定义的"可能的选民"，即声称自己会投票或过去常常在选举中投了票的人）；或者民意调查员可能会以不同的方式表述他们的问题；又或者他们选择在不同的日子进行民意调查。而且，毕竟所有的民意调查都是基于样本，尽管这些样本旨在准确地代表更大范围的选民，但统计理论告诉我们，我们必须预设样本间的结果存在一定的差异。这一切都意味着，在社会科学中进行重复结果验证，与每次混合某两种化学物质都会变蓝的实验相比，更缺乏确定性。

此外，社会学研究很少提出像"哪位候选人会在即将到来的选举中领先"这样直截了当的问题，因为我们可以想象的到各种可能影响社会学家所做比较的干预变量，并且批判者倾向于认为一些关键的干预变量（可能对结果产生巨大影响的变量）都被忽略了。

定性研究中的比较

到目前为止，我们一直在讨论相对传统的社会科学推理，这些推理通常都与定量分析（包含假设、自变量和干预变量等）相关。但定性研究又当如何呢？

假设奥斯汀花了两年时间观察医院急诊室的工作人员如何处置车祸中的伤员。他为什么要这样做？也许他喜欢比较急诊室工作与常规工作（因为在紧急、高压、高风险的情况下做决策是急诊室工作的常态）；或者，也许他的研究重点是从工作日的白班（期间许多其他诊室都在上班）到周末夜班（期间会有更多患者到急诊室来），急诊室的工作发生了怎样的变化——也就是说，他在比较上白班和上夜班的急诊室工作人员的差异。又或者，他可能对大城市急诊室和农村社区急诊室之间的差异感兴趣。

还有许多其他可以研究的问题，但无论奥斯汀选择哪个问题来研究，他都会进行或明确或隐含的比较。任何考虑是否要阅读奥斯汀研究成果的人肯定会问："为什么我要用我生命中的一部分时间用来阅读他的研究，去了解那些急诊室工作的人呢？奥斯汀可以选择观察的场景数不胜数，但为什么他非要选择急诊室呢？"这些问题的答案乍一看似乎并不明显，但总是离不开比较思维。与从事定量研究的社会学家相比，从事定性研究的社会学家在开始他们的研究时，往往对他们所做的事情并没有特别明确的认识。毕竟，定量研究的第一步就是定义研究者想要揭示的关系，而定性研究会涉及对未知的探索和发现。定性研究者在描述其方法时，常常会坦白他们最初并不十分确定他们的研究重点，但是他们一旦开始对场景进行观察，就会发现自己对该场景中的某些方面感兴趣。这是关键的一步：认识到某件事在你看来似乎很有趣，然后弄清楚为什么它应该也会让其他人感兴趣。

对于定性研究者来说，当例子不胜枚举时，比较是最有效的。在许多定性研究中，都只会有一名研究者对某个场景进行观察或对一些人进行访谈。此类研究存在着一个明显的缺陷——那个场景或那些人可能不是典型的例子。解决这一问题的方法之一，就是展现给读者某种行为或某些状况会重复发生，如"我曾多次目睹人们做……"或"与我交谈的几个人都说过……"。

或许研究者还可以从有明显相似点的观察或访谈中找到规律。想象一下，每当研究者在某一情境下看到某种特定类型的人（称之为 X 型人）时，他们的行为方式均相似，而在这一情境下看到的其他类型的人行为方式均不同。于是，研究者可能就会怀疑这种行为与 X 型人有关。

或者，研究者可能会从一系列明显不同的观察或访谈中寻找相似之处。如果看到 X 型人在各种极其不同的情况下都以其独特的方式行事，这也表明这些行为是 X 型人的典型特征。篇幅有限，暂时先列举这么多。归根结底，定性研究依赖于大量的比较，大到足以证明某种模式的存在。

质疑比较

在第八章中，我们注意到所有研究者都会对他们测量的内容及方法做出选择。同样，所有研究者也都会就他们将进行的比较做出选择，并且与测量一样，这些比较也会受到批判。

理想情况下，比较应该具有揭示性，应该能够帮助我们认识和理解世界的规律。比如，学习时长越长的学生成绩越好；候选人史密斯的支持者集中于这一群选民中；急诊室工作人员以某些方式应对工作压力。有效的比较会使读者相信社会学家的解释言之有据。

当比较受到批判时，人们通常会指责研究者的选择有误。例如，批判定量分析的人可能会说，研究者没有考虑额外的、关键的干预变量。因此，烟草业长期以来一直认为，尽管吸烟与癌症之间似乎存在某种关系，但真正的罪魁祸首可能是酒精或咖啡（或者随便什么）。又如，在当代社会学中，批判者有时会认为，研究者没有考虑种族或性别可能会对调查结果产生显著影响。对定量比较的第二种更具技术性的批判是，研究者应该采取另一种研究方法设计或更复杂的统计检验方法。

而批判定性研究的人可能会说，研究者没有做到恰当的比较。他们还可能会认为，研究者所选择的观察场景或访谈对象在某种程度上是非典型的,或者研究者误解了所看到或所听到的内容。定性研究特别容易受到对其证据的批判,因为此类研究通常无法进行重复验证,因为任何重复都不可避免地会在不同的时间调查不同的研究对象。即使可以重复研究同一群人,单凭他们已经在之前被研究过这一点,这些人本身也与之前的自己不再相同。

一切研究都基于比较,所有比较都反映了选择——这就意味着所有的比较都会受到批判——这是无可避免的,而研究者只能解释他们的选择和证据。

批判性思维小贴士:

· 因果论证涉及对自变量和干预变量的值进行比较。

· 研究结果是否符合研究者的预期会影响其对该结果的回应方式。

· 社会科学很难进行重复验证。

· 所有比较都反映了研究者的选择,都会遭到质疑。

第十一章

趋 势

在上一章中,我们先是指出社会学家会对不同类别的人进行比较,继而又挖掘出了比较背后的逻辑。在本章中,我们将探讨如何理解那些通过同类比较和异类比较所得到的规律。社会学思维将人归为各种类别:男性与女性、白人与黑人、年轻人与老年人、加利福尼亚人与得克萨斯人、生活在 19 世纪的人与生活在 20 世纪的人……这样的分类可以永无止境地进行下去。

规律性趋势

当社会学家报告他们的比较结果时,他们几乎总是不可避免地将其描述为"趋势"。例如,A 组人往往会比 B 组人更多（或更少）地以某种方式行事或思考。

了解这意味着什么很重要。自然科学家有时会描述一些通常是正确的事情。比如，氧原子有8个质子，或者每当混合某两种透明液体时，都会得到蓝色的混合物。但即使是这些自然科学家，最后所说的常常也都是趋势。再比如，我们都知道有大量的证据表明吸烟会导致肺癌，但这仍然只是一种趋势——因为这并不意味着每个吸烟者都会患上这种疾病（事实上只有少数吸烟者会患上肺癌）。尽管如此，吸烟者还是要比不吸烟者更容易患上肺癌，而且绝大多数死于肺癌的人都吸烟或有过吸烟的历史。这就是为什么如果我们得知露西患有肺癌，我们的第一个问题通常是"她吸烟吗"。但有时答案会是"不，她不吸"。毕竟，一些不吸烟的人也会患上这种疾病。判断吸烟者有患肺癌的趋势意味着，既不是所有吸烟者都会感染这种疾病，也不是每个患有该疾病的人都吸过烟。

要理解趋势，我们需要从概率的角度去思考。最经典的例子是一些靠运气取胜的游戏，如抛硬币、掷骰子或发牌等。这些游戏都很好理解：如果你抛起一枚硬币，那么正面朝上的概率是50%；如果你抛起两枚硬币，两枚硬币正面都朝上的概率就是25%。这是因为第一枚硬币有50%的概率正面朝上，在这50%的基础上，有50%的概率第二枚硬币也会正面朝上（0.5 × 0.5 = 0.25）。依据同样简单的道理，我们可以确定，每次掷出一个六面骰子得到一点的概率为1/6（16.67%）；如果掷两个骰子，两个骰子同时出现一点的概率是2.78%（0.1667 × 0.1667 ≈ 0.0278），即1/36（每掷36次会出现一次）的概率。这种例子的答案都是固定的：虽然掷骰子的全部意义在于每次抛掷都会产生随机的结果，但我们知道，如果掷骰子的次数足够多，就会产生清晰的规律。因此，平均而言，每将两个骰子掷36次，就会得到一次合计2点（1+1）的组合，同时在这36次投掷中，我们可以期望得到6次合计7点（1+6、2+5、3+4）的组合。

虽然可以将概率思维应用在生活中，但我们知道社会生活并没固定的答案。保险就是一个相对典型的例子。保险公司雇佣的精算师会计算坏事（比如车祸、意外事故或死亡）发生的概率，然后根据这些概率来设定保费。大多数司机并不会在下一年发生惨烈的事故，但有些司机会，而保险公司愿意接受你的赌注：你支付保费，他们承诺如果你遭遇不测，他们会负责赔付。精算师知道，有一些司机，比如年纪不大且经验丰富的司机或者行车谨慎的司机，发生事故的可能性较小，所以保险公司可以对这些低风险的司机收取较低的保费。美国有几亿名司机，因此有大量数据可供精算师参考。他们虽然无法确切地知道今年哪些司机会发生事故，但如果得知泽维尔今年没有发生事故，或者旺达发生了事故，他们也不会感到惊讶。关键在于，他们对一般规律（事故总数是多少）有很好的了解，这使他们能够计算出恰当的保费。这与赌场知道骰子游戏中出现不同结果的概率，并设置收益结构以确保长期盈利的做法几乎别无二致——除了精算师计算的概率并不像骰子游戏的概率那么精确。

实际上，当社会学家进行研究并得出规律时（例如，这一类人比其他人更有可能做某行为），他们其实是在产出一些非常粗略的数据，这些数据为赌场和精算师的计算提供了基础。请注意，精算师可以利用各种数据（例如交通事故的警方报告和往年的保险索赔记录）来预测下一年将发生多少事故。而社会学家可以使用的数据常常要少得多（通常只是他们自己收集的数据），所以他们所做的任何估算都会比精算师的预测粗略得多。

但就像精算师用他们的数据来预测交通事故的数量，然后以此作为计算合理保费的参照一样，社会学家会用他们的发现来对社会生活的规律进行概括。诚然，他们无法准确地预测莎拉的行为，但他们可以根据莎拉所属类别的人员的行为总结出一种规律。

这就是社会学家不屑于与那些用偶发性事件来贬低其研究成果的人争辩的原因。想象一下，有这么一位社会学家，他的研究表明老年人往往具有保守的政治信仰。这时，保罗回应称："这不是真的。我的祖父和祖母就是自由派。"如果社会学家说的是"所有老年人的政治信仰都是保守的"，那么保罗的回应可以算得上一个很有说服力的批评。在这种情况下，即使只发现一个与之相矛盾的例子也足以挑战这一断言。但是在得出老年人倾向于保守这一观点的同时，社会学家也承认老年人中也会有一些自由主义者。因此，即便人们发现了某个老年人是自由主义者，也不会推倒社会学家的论点，这正如即使泽维尔没有发生交通事故，也不会令精算师对交通事故总数的预测变得不可信一样。

当社会学家想要使他们的研究发现更有力度时，他们经常会寻找干预变量的影响。他们可能会探究社会阶层是否会对老年人的政治信仰产生影响，然后发现，实际上社会阶层较高的老年人会比社会阶层较低的老年人更保守。至于其他干预变量的影响，这里就不再赘述了。也就是说，虽然我们可以将所发现的规律进一步具体化，但这些发现仍将以趋势的形式来表达。

生态学谬误

在社会学家所谓的"生态学谬误"中，类别和趋势方面出现的模棱两可的情况会更加复杂。其背后的基本思想是，社会学家所比较的类别是由行为方式各异的个体组成的，因此，当社会学家报告其对某个类别群体的测量时，这些测量所描述的趋势无法适用于所有个体。假定"某个类别的群体趋势可以描述该类别内的所有个体"是一种完全错误的思维。例如，你可以上网查到美国各州的排名，排名的依据是大学毕业生在该州人口中所占的百分比。这些数据来自美国社区调查（American Community Survey，一项由美国人口普查局进行的大型调查），该调查会询问每个人的受教育程度。2017年，在马萨诸塞州，获得四年制大学学位及以上的成年人占该州总人口数量的比例为全美最高（43.4%），而这一比例在西弗吉尼亚州最低（20.2%）。在这个案例中，我们比较的是两个类别（州）的百分比（大学毕业生比例）。

生态学谬误涉及以下推理过程：

·西弗吉尼亚州拥有大学学位的人相对较少。
·杰克住在西弗吉尼亚州。
·因此，杰克还没有完成大学学业。

这里的问题在于，它假定可以利用对某一类别人群的测量来确定该类别中某个成员的某些特征。这样一说，问题就很明显了：杰克可能读完了大学，也可能没有读完——仅仅因为他生活在一个大学毕业生相对较少的州，并不能判定他没有完成大学学业。

我们需要注意，这与下面的说法不同：

·西弗吉尼亚大学社会学系的所有成员都拥有大学学位。
·吉尔是西弗吉尼亚大学社会学系的一名学生。
·因此，吉尔已经完成了大学学业。

如果某一类别人群中的所有成员都具有某些特征，我们

第十一章　趋势

就可以有把握地断定该类别中的单个成员都具有该特征。然而，社会学家很少会研究这种绝对化的情况，即某一类别人群中的每个人都（或者没有人）具有某些特征。在实践中，社会学家研究的是趋势。

当社会学家基于平均值来总结某一类别人群的趋势时，还会出现另一种生态学谬误的情况。假设：（1）某个社区的家庭平均收入为6万美元；（2）蒂姆住在该社区。即便知道了这两个事实，我们也无法就蒂姆的家庭收入得出任何结论，因为它可能高于、低于或完全等于平均水平。

尽管这些例子看似显而易见，但当研究者研究同一类别人群中两种趋势的规律时，会更容易陷入生态学谬误。我们来回想一下上面的例子。2017年，马萨诸塞州的大学毕业生占该州总人口数量的比例最高，而西弗吉尼亚州则相反。现在假设我们需要观察另一个变量——仇视性犯罪的报告。2017年，马萨诸塞州报告了427起仇视性犯罪，而西弗吉尼亚州只报告了31起此类犯罪。由于仇视性犯罪的统计数据总是非常不准确，因此FBI并不会根据这些报告计算犯罪率——但如果FBI这么做了，便会得出这一结果：根据报告，马萨诸塞州每10万人中就有6.4起仇视性犯罪，而西弗吉尼亚州每10万人中仅为1.9起。于是，我们可以看到，在马萨诸塞州，大学毕业生和仇视性犯罪的数量都更多；而在西弗吉尼亚州，这两者的数量都更少。

那生态学谬误又是从何而来呢？想象一下，有些人看到了我们的数据，然后就说："哇，大学毕业生越多，仇视性犯罪就越多。大学毕业生一定是犯下仇视性犯罪的人。"换言之，这些人是在利用关于某一类别人群的整体性数据（大学毕业生的百分比、所报告的仇视性犯罪的数量）来得出关于该类别中个体情况的结论（仇视性犯罪一定是大学毕业生犯下的）。

我们很容易理解为什么这是一个错误的结论。仇视性犯罪的执法情况因州和司法管辖区而异。各个州对仇视性犯罪的定义也各不相同，且执法力度也不尽相同。例如，2017年阿拉巴马州、阿拉斯加州、阿肯色州、密西西比州、内华达州、新墨西哥州和怀俄明州等7个州所报告的仇视性犯罪均不到10起。一般来说，更加重视自由主义的州往往有更全面的仇视性犯罪法，而更加重视自由主义的司法管辖区内的检察官往往也更愿意以仇视性犯罪来起诉个人。马萨诸塞州既有受过高等教育的人口，又有自由主义的政府，所以该州所报告

第十一章　趋势

的仇视性犯罪率较高，更多地可能只是反映了其仇视性犯罪执法的政治环境，而不是该州仇视性犯罪的实际发生水平。

生态学谬误具有很强的诱惑力，尤其是当这种推理似乎支持了研究者预设的某种结论时。乍一看，这种推理似乎是合情合理的，许多杰出的早期（第二次世界大战之前）社会学家在尚未充分理解问题之前，就陷入了这个错误。每当我们尝试使用群体数据来解释个体行为时，就需要警惕生态学谬误的陷阱。

社会学解释避免极端化

通常，社会学家所发现的趋势并非天衣无缝，他们所研究的变量很少能被视为某结果的唯一原因。例如，我们发现，童年和青春期与已婚父母一起生活的人，比在其他类型的家庭中长大的人，会更有可能完成大学学业——这就是一种趋势。但也存在许多例外，例如，在双亲家庭长大的一些孩子也可能会辍学，而在单亲家庭中长大的一些孩子也可能在学校里表现出色等。

社会学家常常利用统计学来证明他们所发现的趋势的可信程度。例如，他们会提供可解释变异的比例。简单说，就是依据研究所发现的趋势可以解释的结果差异的比例。例如，如果研究发现家庭类型往往会影响人的教育水平，那么面对个人完成大学学业情况的变异，仅凭这一发现又可以解释多少？这里我们需要再次强调，即使得到了具有统计意义的研究结果，也并不一定意味着所报告的趋势全然适用，因为每个人都有自己的生活方式。其实，社会学家的结论常常也就只能解释大约10%的变异。

社会学解释走向极端化的危险在于，研究者可能会夸大他们发现的重要性。例如，他们会不严谨地声称，他们已经确定家庭是教育成功的一个原因。这种武断的结论模糊了一个事实，就是社会学家只不过是在描述趋势而已。

反思趋势

从趋势或概率的角度进行思考，既有其强大的优点，又有其令人沮丧的缺点。它强大的优点在于，可以帮助我们辨别和描述那些乍一看可能并不明显的过程。例如，它可以帮我们意识到，吸烟会大大增加健康风险，即使某些吸烟者没有得病。但其缺点在于，社会学家其实很少能说某事是某结果的唯一原因，这一点会让人很沮丧。这就是探索干预变量的影响对社会学推理而言至关重要的原因。

批判性思维小贴士:

· 社会学家通过比较不同类别的人来确定趋势。

· 知道某一类别的群体趋势并不足以得出该类别下个体成员的结论。

第十二章

证 据

CHAPTER 12

第十一章

研究者的选择远远不止测量和比较。一旦研究者收集并分析了证据（从快速统计班级男女学生的人数，到分析多年观察急诊室的现场记录），就该呈现其研究结果了。呈现结果的形式可以很简单直接，比如"通过观察教室里的人，我数出了 X 个男学生和 Y 个女学生"。然而，大多数研究要比这复杂得多。首先，研究需要收集的数据往往要比最终报告中呈现的数据更多。民意调查人员非常清楚，进行调查的大部分成本在于寻找和联系受访者。因此，仅对一个样本群体提出一个问题的成本很高，但是再提出另一个问题的成本却几乎没有增加，甚至再多提几个问题也是一样的（直到问题多到令人生厌，受访者开始打断访谈）。例如，大多数民意调查员可能会从受访者的性别、年龄和种族等背景特征开始提问,然后才会提出其他实质性问题,例如是否在上次选举中投票以及是否打算在下一次选举中投票。重要的是,你要收集你认为可能有用的一切数据,因为如果你之后再想到一个想问却没问的问题,那就为时已晚了。

收集完所有数据后,就要决定报告的内容了。如果民意调查是为了确定可能的选民在即将到来的选举中是支持候选人琼斯还是史密斯,你当然可以只报告该信息。但只要有更多可用的信息,你就可以选择继续利用这些信息。通过分析数据,你发现女性选民和年轻选民更可能支持琼斯,而史密斯则在年长男性中的支持率更高,这一信息可能会让你觉得值得将其加入你的报告。

当研究数据表现为可能长达数百页的访谈记录时,我们更需要选择上述的方式来报告信息。许多定性研究者会使用特殊的软件来梳理他们的数据,帮助他们识别主题和规律。但在某些情况下,研究者将不得不根据其希望提出的具体论点,来决定哪些证据可能相关且值得整理成文。

有效的证据

有效的证据通过让他人信服来支持研究者的论点。在社会学中,这样的论点通常会总结出某种人与人相互影响的规律,并且可能会关注一些特定问题,例如该影响涉及哪些人或这些影响是如何发生的。证据的作用是让读者相信研究者的论点是正确的。有效的证据具有如下几个特点:

直接适用

最好的情况是,证据直接说明了研究者的断言:"因为我数过,所以我知道那个班上的男生人数和女生人数,这是我收集的数据。"这是对研究者所探究的问题的直接回答。

然而,大多数研究往往涉及更复杂的主题。研究者的问题可能会有些抽象,比如某种做法(如警察逮捕程序、标准化测试等)是否具有歧视性。这个问题并不像看起来那么简单。要判断某些做法是否具有歧视性,就必须定义歧视并说明如何测量歧视。回想一下我们在第九章中对测量的讨论:有效的证据应该能够直接说明所研究的问题,此外,所使用的测量方法也必须清楚明白且切中要害。

多种测量

一般来说,证据越多越好。因为研究者所选择的测量方法难免会受到质疑,因此如果研究包括了可以得出一致结果的其他测量方法,证据就会更有说服力。做调查的研究者经常会就相关主题提出多个略有不同的问题。如果这些问题的答案揭示了相似的规律,证据的可信度就会增加。例如,在一项询问与环境有关的调查中,如果年轻受访者对不同问题的回答始终比年长受访者的回答表现出更高的关切程度,那么研究者得出"对环境问题的关切程度与年龄有关"的结论,就并非没有道理。

多个案例

得到更多证据的另一种方法是研究多个案例。这是"重复验证"背后的基本思想:我们在研究时发现了一些有趣的东西,我们重复该研究以确保得到相同的结果。

在社会学研究中,一项研究常常会使用多个案例进行比较。也就是说,研究者会比较来自两个或多个学校、城市、时间段或组别的数据。当被比较的不同类别显示出相似的结果时,研究结论的可信度就会增强;而当比较的结果存在差异时,对这些差异进行解释可以澄清导致差异的过程。

先前一致

如果某一证据能够支持某些被普遍接受的理论或先前的研究结果,人们就会认为该证据更加有力。即便如此,但是科学发展史有这样一个特点:各种新思想在诞生之初会遇到阻力,主要是因为它们与人们熟知的、被广泛接受的理论相矛盾。我们来举两个相对较新的例子:一个是认为地球的大陆曾经都属于一个整体,然后逐渐分离;另一个是认为恐龙的灭绝是由于小行星撞击地球。这两个新理论最初让许多科学家感到不可思议,但随着时间的推移,随着各种研究的发现证明与新理论的观点一致,这两个新理论就获得了科学界的认可。换句话说,虽然与现有理论一致的证据往往更容易被接受,但如果证据指向了某一意料之外的结论,那么随着其他研究陆续证实这一观点,对新思想的支持就会出现。

令人信服

有效的证据会给人留下有力且令人信服的印象。或许是这项研究看起来已经预料到了所有明显的漏洞,从而规避了熟悉的陷阱;或许是这一研究的主题特别有趣,提出了一个出乎意料的研究问题;又或许是研究该话题的方式看起来特别巧妙；再或许是这项研究所提供的证据足够充分，以至于没有质疑它的必要。正是由于上述这类原因，一些研究才产生了非同凡响的影响。

不那么有效的证据

然而，对应着上述每个标准，证据也可能没有那么有效。

间接隐晦

有效证据的特点是直接适用，因为它可以直接且充分地解答研究问题，而无效的证据只能提供不充分的支持。有时，唯一可用的证据是间接的。例如，要研究几个世纪以来犯罪率的变化规律，社会历史学家必须面对这样一个问题：现代警察在19世纪才出现，而且现代的犯罪率（就像美国联邦调查局"统一犯罪报告"中所呈现的）从20世纪起才开始被统计。因此，我们无法找到与当今用来计算犯罪率的犯罪记录相匹配的早期犯罪记录。尽管一些法庭记录可追溯至13世纪，但这些记录又会引发各种其他问题——其中首要的问题就是许多记录档案并没有被留存下来。但其中最主要的问题是，大多数犯罪行为的审判从未被记录在案。一种解决方案是将重点放在凶杀案上，因为这样的案件往往会进行审判，并被记录在案。因此，研究犯罪的历史学家最终只好（也必将）假设，凶杀率的变化情况（根据不完善的记录计算）反映了一般犯罪率的变化情况。

这种妥协往往是不可避免的。也许我们可能无法用现有的证据来直接回答我们感兴趣的问题。当我们试图与过去进行比较时，当我们希望拥有的数据根本无法获得时，我们唯有妥协。同样的情况，比如当被研究的人不愿意坦诚相待时，数据便难以获得，此时我们也只有妥协。

单一测量

利用多种测量方法可以使研究者的研究更具说服力，但想要使用多种测量方法并不总是可行的。也许对某个主题下某个调查问题的回答揭露了一个意想不到的有趣结果。不过回过头来，研究者可能会希望自己当初本该就该主题多提一些其他问题，当然，现在为时已晚。利用单一测量进行的研究可能有一定的价值，但在其他研究进一步支持该发现之前，人们可能还是不太愿意接受它。

单一案例

来自单一案例的证据往往不被公认。例如，一项基于观察某一社区的研究将不可避免地引发一些问题。比如，也许这些发现仅适用于该社区，且无法扩展到其他社区。这时，研究者可以通过整合附近多个社区的案例来加强论证，但该研究是否可以获得更强有力的支持，还是要取决于其他研究者是否也在其他地方报告了类似的发现。但总之，证据多总是比证据少要好。

与先前理论不符

如上所述，如果某些发现看上去新颖独特，但缺乏先前理论或其他研究的支持，那么这些发现往往就会遭到怀疑。这样的研究可能最终会被证明是正确的，但前提是要有更多的支持性研究来为其佐证。此外，当代研究文献浩如烟海，每周都会有许多新报告涌现出来，没有人可以跟进所有的研究动态。因此，大多数人都只愿关注自己阵营研究的些许动态，这意味着他们往往对其他阵营的动态一无所知。于是，可能与他们相关，但出现在不同阵营的期刊上的研究可能就不会产生其应有的影响。与之相关的是，由于引用率是向潜在读者表明该论文与他们所关注的问题相关的一种标志,因此,未引用其他研究阵营成员作品的研究报告可能永远不会在该阵营中获得关注。

印象不深

在一个不断涌现大量新研究的世界中,大多数研究都籍籍无名。没有社会学家可以指望自己能跟进每本新书,更不用说跟进每本期刊上发表的每篇文章了。于是,在此过程中,很多研究都被忽略了,比如那些意料之中、乏味无趣或与自己研究兴趣无关的研究。一名社会学家只能跟进少数期刊,然后也就只是粗略地浏览一下期刊目录。这样一来,期刊上的文章就很容易被忽视,所以即使是做得很好的研究,也不会给其他人留下什么印象。

质疑证据选择

研究者选择证据的方法,就如同他们选择测量和比较的方法一样,可能也会成为批判的目标。在大多数情况下,我们都假定研究者诚实地报告了他们的发现。但是,当人们偶尔质疑证据时,就可能会有学术丑闻出现,他们可能会指责某人引用了不存在的资料或歪曲了资料的内容,或错误地计算了统计数据,或剽窃了他人的成果。这样的挑战往往措辞谨慎,同时,被指责的研究者还有机会对此作出回应,而一旦无法为自己的研究结果提供合理的辩解,该研究者的学术声誉就将毁于一旦。

所幸,这样的丑闻很少见。尽管如此,质疑证据的选择可能是批判性思维在社会学中最常见的表现形式。我们总是可以质疑论文作者在处理证据时所做的选择。对定量研究的批判往往侧重于说明不同的证据选择(例如,使用不同的统计方法或在分析中加入额外的变量)可能会导致不同的解释。有时批判者要求获得原始的研究数据,以便他们自行分析。在一些情况下,研究者会主动在网上提供原始数据,并邀请其他人来进行检验,从而表明他们对自己的发现的信心。

对定性研究的批判通常也侧重于证据。在大多数情况下,重复验证根本无法实现,就算要重复,所需的代价也十分高昂。无论如何,最初的研究者总是可以辩解称,他们准确地总结了他们的观察。但批判者可以回应说,研究者误解了他们所观察到的东西,原因可能是他们所做的解释只是为了贴合他们的预期发现。

另一种批判涉及伦理。例如，社会学家对欺骗研究对象是否合乎伦理这件事存在分歧，例如篡改研究对象所参与的实验的主题。社会学家常常会尽力掩饰他们的研究环境，例如，他们会给研究地点起化名［美国印第安纳州的芒西市（Muncie），被化名为"中城"（Middletown）；美国马萨诸塞州的纽伯里波特市（Newburyport），被化名为"洋基城"（Yankee City）］；他们还会给个体起化名，而研究对象总会对自己被匿名的方式感到不满。此外，还有人担心，某些研究对象可能因参与了某项研究项目而受到伤害，甚至是心理创伤。因此，美国社会学协会与其他专业组织一道，为其成员制定了研究伦理准则，甚至连各个大学也会要求研究者提交研究计划以申请学校的人类受试者保护委员会的批准。

研究的漏洞

归根结底，没有一项研究是完美无缺或确凿无疑的。每位研究者都不得不做出选择，决定他们想要研究的内容（有时被称为研究问题）；决定他们想要测量的内容及测量方式；决定他们将如何呈现和解释所得到的证据。大多数研究者都清楚这些选择的重要意义，许多研究论文的结论部分都会呼吁人们基于不同的选择进行进一步的研究,以支持该论文所提出的发现。

毫无疑问,绝大多数社会科学研究者都会诚实地报告他们的研究结果。伪造或捏造研究结果的情况极其罕见,被报告抄袭的情况也非常少见。但一旦这些极少数情况被发现,就会导致令人震惊的学术丑闻,其传播的范围可能远超学术界,但学术失信只是质疑研究的一种相对不寻常的理由。

每位研究者都不得不做出选择,而且其中一些选择有可能会影响到研究结果。因此,批判者总是有可能提出,如果换一种方式来表述研究问题,如果换一种方式来定义或测量变量,或者如果将分析的侧重点放在其他的证据上……结果可能都会有所不同。理智的人总是有可能表达反对,提出问题,并开始对话。

这样的对话可以激发人们更深入地对研究进行思考,并设计其他研究项目来进一步解决批判者所提出的问题。

批判性思维小贴士:

· 研究者只能选择性地呈现证据。

· 证据的说服力有强有弱,且一切证据都可能受到质疑。

第十三章

回音室效应

CHAPTER 13

第十二章指出，对批判性思维来说，最大的挑战是准确地评判我们自己的思想。这是符合逻辑的。批判我们不同意的观点很容易，毕竟如果认为该观点是错误的，就一定有这样认为的理由，所以我们应该能够解释为什么要批判它。但是要批判我们认同的观点和我们认为正确的观点，就要困难得多。当我们确信某个想法站得住脚时，就不太可能以批判的眼光看待它，且我们可能会对一切批判该想法的行为持怀疑态度。这种对自己的思想不进行批判的倾向，对社会科学研究产生了严重的影响。

认识与应对自己的偏见

研究者早就认识到科学家对自己的思想批判不够所带来的危险。例如，某人发现了一种新药，他自然会希望该药能帮助患者。即使是那些并没有研发该药而只是负责测试其对患者影响的医生，也可能会对这项创新积极响应。当然，参与试验的患者也希望新药发挥疗效。但这种新药真的有效吗？对新药抱有很高期望的人倾向于从积极的角度去解释试验结果，并报告该药有效。然而，如果你只是在试验中用到某种安慰剂（不含活性成分的药丸，因而不可能产生任何效果），但同时告诉医生和患者它含有一种大有裨益的新药物成分，他们通常会报告该"新药"确实有效。他们心中的期望会使他们想象该药是有效的。

研究者的期望也会影响社会科学研究的结果。想象有一个心理学实验，研究者让老鼠穿过迷宫，以检验"更聪明的老鼠会更快跑完迷宫"的假设。他们使用了两组老鼠，第一组被描述为普通老鼠，而第二组则被描述为因智力更高而被专门饲养的老鼠，是特别聪明的老鼠的后代。结果一点也不令人惊讶，那些被培育得更聪明的老鼠比普通品种的老鼠更快地跑完了迷宫。一切似乎很自然，但这其中只有一个问题：

这两组老鼠其实是从同一群基因相同的老鼠中选出的——所谓的其中一组老鼠"因智力更高而被专门饲养"的说法不攻自破。两组老鼠本应在相同的时间内走出迷宫，但被研究者期望表现更好的"聪明"老鼠，最终胜过了所谓的"普通"老鼠。

这就是所谓的"实验者效应"的一个例子。实验者期望得到某个结果，然后就得到了符合这一期望的结果。那这又是如何发生的呢？原因可能很多。例如，假设这时两组老鼠同样接近迷宫的尽头，就在终点的边缘，实验者可能更倾向于判断认为，更"聪明"的老鼠已经足够接近终点了（比如，用胡须作为依据），被算作优先跑完了迷宫，而更"愚蠢"的老鼠则会被认为是几乎完成但尚未完成。因此，提前知道你想要发现什么可能会影响你最终的发现。

重要的是，我们要认识到这并不意味着所有人都一定会在过程或结果上弄虚作假。学术造假的丑闻确实会成为新闻头条，但这种情况很少见。绝大多数研究者无疑会认为自己是尽职尽责的。但是一旦他们期望得到某种结果，就很容易做出与这一期望相一致的判断。安慰剂和"聪明"老鼠这两个实验都旨在说明"实验者效应"的影响。在这两个案例中，除了研究人员（在这两个案例中，分别是医生和病人，以及让老鼠穿过迷宫的人）的期望被操控外，其余一切均保持不变。也就是说，安慰剂或所谓的"聪明"老鼠并没有表现得更好，只是研究人员的期望影响了结果。

可以肯定的是，人们对现实世界的各种情况都抱有期望，而这些期望很可能会影响他们的生活。也许关于实验者效应的最具戏剧性的研究，就是关于课堂教师了。首先，研究者对一群小学生进行了智力测验。然后他们随机选择了大约 1/5 的学生并告诉他们的老师，针对这些学生的测验结果表明他们很可能是"潜力股"，会在来年取得显著的进步。结果（如你所料），那些被预测会有显著进步的学生，比起那些老师对其没有抱有乐观期望的学生，确实进步得更多。请注意，这项研究设计并没有刻意伤害任何人，它仅凭借实验者效应的影响，通过鼓励教师对一些学生抱有更好的期待来帮助他们。尽管如此，这也是一个令人不安的发现。我们可以想想人们带入到各种社会场景中的各种期望，比如对他人的猜测和刻板印象，以及其他人对自己的看法。我们可以想想这些期望又会造成什么影响呢？

研究者的期望会影响他们的发现，这种倾向对所有科学学科而言都是一个致命的问题,因而所有严谨的研究项目都会努力地避免实验者效应。医学研究者很久以前就发现,试验新药的医生常常会得出结论,认为该新药的效果优于现有的药物——如果他们知道哪些患者正在接受新药的治疗。同时,知道自己正在接受新药治疗的患者的病情也确实会有所改善。这就是为什么最好的临床药物试验必须是双盲的。也就是说,患者和负责治疗的医师均不知道这位患者到底是在服用试验药物还是安慰剂。

期望与社会学家

由于研究者的期望可能影响他们的发现,因此我们要再次提醒自己,对批判性思维来说,最大的挑战就是质疑我们已经相信了的想法。所有科学家(尤其是社会科学家)都需要严谨地根据一定标准来评判自己的断言,而这些标准至少要与他们不同意的断言所适用的标准一样严格。

大多数社会学研究不会涉及正式的实验,这意味着社会学家通常不能依靠双盲的研究条件来获得更准确的发现。正如我们所见,社会学研究通常始于研究者对某些社会过程或环境的兴趣。很多时候,这种兴趣源于研究者自身的经历(他们可能亲身经历或观察到了自己认为有趣的事情,并认为自己可以对此进行社会学角度的解释),因而设计了一项研究。当然,当研究者报告研究结果时,他自身经历的部分往往会被淡化,甚至消失。相反,研究报告会使用不参杂个人感情的语言,并基于一个可以通过严谨的科学调查来回答的理论问题去组织报告内容。

这种情况是无法避免的。正如我们前面所提到的,社会学家都属于局内人:一方面,他们身处社会学学科之内,所以他们了解其他社会学家可能会感兴趣的东西;另一方面,他们又身处整个社会(包括特定群体和环境)之中,这又会影响到他们判断究竟什么才值得研究。通常,因为他们的局内人身份,他们会极力支持自己的研究,他们更希望自己的研究结果揭示了他们所期望发现的东西,因为这样既能证实自己的假设有益无害,也符合他们本来期望的结果。但这一切都意味着,社会学家很少在没有期望的情况下开始一个研究项目。在大多数情况下,他们都知道自己的研究可能会发现什么,并明白为什么这些结果可能很有价值。在这种情况下,研究者更需要警惕,要时刻意识到自己的期望可能会影响自己的发现。他们必须尽己所能地确保发现是准确的。要做到这一点,批判性思维是关键。

意识形态同质化

所有这一切都因政治意识形态而变得复杂。我们注意到,当代社会学家在政治上是相对同质的。也就是说,绝大多数社会学家将自己定位在自由、进步、激进等左翼观点的某个位置,很少有人认为自己是保守派。这种观念上的相对一致性塑造了社会学家的共同期望。除此之外,这一问题还有其他后果,首先就是研究的情节剧倾向。

情节剧

剧场中的老式情节剧有如下特点:情节简单,围绕脸谱化的角色展开,这些角色都是标准化和公式化的。长相邪恶、胡子两头翘的坏人威胁和伤害无辜可怜、手无缚鸡之力的女主人公,但女主人公在最后一刻一定会被英勇无畏的英雄救下。这样的情节和角色安排可以带来娱乐观众的效果,观众会对反派发出嘘声,大声提醒女主角小心,并为男主角加油。相比之下,大多数现代戏剧和电影的情节更加复杂,其中的角色也更加饱满。从俄狄浦斯到蜘蛛侠,英雄不仅是善良的,还是有缺陷的，而坏人的动机也不仅是因为其本性邪恶。故事冲突变得更加微妙，复杂的情节推动观众进行更深层次的思考，因而在观赏结束后，观众可以继续思考剧中角色的选择。

我们可以借鉴情节剧的许多方面来思考社会学中批判性思维的一些问题。首先是情节剧中情节和角色的简单化现象。尽管社会学理论更为复杂，但这些理论常常是围绕核心机制或社会过程建立的。因此，理性选择理论会强调通过计算而得的最优选择在社会生活中的作用，而冲突理论则更强调社会精英如何通过各种形式的支配来实现持续地控制。因此，围绕这类理论观点所建立的社会学阵营，会更侧重于强调文化或社会结构的某些特定方面塑造社会生活的方式（而这些方式通常都是负面消极的）。在他们看来，担任反派角色的就是父权制、支配、"色盲"时代的种族主义或新自由主义等社会结构或社会过程。由于阵营内的成员们都倾向于认同相同的理论假设，因此此类说法很少受到质疑。因为期望相同，成员之间也就不太会对彼此的观点进行尖锐的批评。

因此，一个阵营就如同一个回音室，身处其中的人们彼此认同，并为彼此的契合欢欣鼓舞，就像观看情节剧的观众会通过嘘声和欢呼声来增强观演效果一样。这种回音室的环境使其中的每个人都很难批判性地思考自己的观点，因为他们身边的人都在不断地强化这些观点。

社会学的意识形态同质性加剧了这种情况。围绕特定理论方向所组织的阵营通常不仅会认同同一套的理论概念，而且还会认同可能会强化该理论的某种政治派别。而因为这些阵营中的成员又在政治上达成了一种基本共识，因此这就相当于他们再一次向彼此证明了他们的思想的必然正确性，这也就再次阻碍了他们对自己的想法进行批判性审查。这是一伙知识分子的"集体迷思"。

但这并不意味着所有社会学家都会踩着相同的鼓点向前进军。敌对阵营的成员们经常相互争论，同台竞技。尽管在形式上，相比于两方公开起冲突，对对方阵营的漠不关心可能更常见。很多人对社会学的不满与社会学研究者的研究兴趣十分分散有关。在美国，最负盛名的社会学论文发表平台长期以来一直只有两种社会学主流期刊：《美国社会学评论》(*American Sociological Review*)和《美国社会学杂志》(*American Journal of Sociology*)。几十年来，它们所刊登的论文平均被引用次数（表明影响其他社会学家思想的程度）

要比其他社会学期刊的论文多得多。人们可能会认为，社会学的核心就反映在这两本期刊之中。在这两本期刊上发表的论文大都使用了极为复杂的统计分析，复杂到绝大多数社会学家可能都无法完全理解。与其说这种高端社会学是核心，倒不如说它是一个阵营。刊登在这些期刊上的论文，在社会学内许多阵营的成员看来，也确实无关紧要。一旦社会学学者完成了研究生的训练，作为某个阵营的成员，他们很可能再也不会阅读任何一篇在社会学主流期刊上发表的论文，而是转而阅读他们自己阵营中更加专业的期刊，因此发表在社会学顶尖期刊上的论文对很多阵营的思想影响并不大。此外，还有一些社会学家，他们可能会更愿意沉浸在自己阵营的理论情节剧之中，享受着与阵营内所有成员相互认同的感觉。

可预测性

社会学同质的意识形态环境所产生的第二个影响，就是研究路径变窄，继而导致研究的可预测性增强。尽管在所有社会科学学科中，自由主义者的人数都超过了保守主义者，但经济学、政治学和历史学等学科都拥有数量可观的保守派少数群体，从而营造出了一种可以进行更多内部辩论的氛围。

例如，当一位经济学家谈到某个拟议的公共政策时，我们无法事先知道其他保守派经济学家会对其表示支持还是反对。这是因为当他们意见不一时，他们所关注的重点与其说是经济原则，倒不如说是政府应该在多大程度上介入以稳定经济，而更自由主义的经济学家通常反而会比他们更保守主义的同人更加支持政府发挥更积极的作用。但相比之下，社会学家在政治和价值观上很少会存在显著的分歧。由于社会学家的意识形态同质性更严重，因此我们更容易预测某位社会学家的立场。正如我们在第七章中讲到的，"结构队"往往凌驾于"文化队"之上，他们将不平等和不公正（以及一般的社会问题）都归咎于不平衡的社会结构。关注文化变量的批判性研究，虽然曾经很常见，但现在已经变得非常罕见了。

然而，这种可预测性也意味着社会学会有枯燥乏味的风险。我们可以回想一下我们之前关于社会学家悲观主义倾向的讨论。这些人会否认社会进步的各种证据，同时，在他们看来，强调社会进步的证据是很危险的，因为这样做可能会助长自满情绪，而不是加强促进社会变革的决心。这些社会学家对公共问题的评论似乎总是在指责社会发展的现状。

尽管如此，社会学学科内还是存在分歧，尤其是在敌对阵营的成员之间，他们可能会贬损对方的理论模型或方法论偏好，还可能会对其他阵营的具体研究主题漠不关心。有时，他们会因为敌对阵营在政治上的保守而将其全盘否定，这也再次揭示了社会学内部意识形态的同质性。有些批判还会采用非常正义的语气。例如，"结构队"的成员将"文化队"的分析视为一种"受害者有罪论"，并暗示关注文化的学者对社会的不公正负有一定的责任。

我们不禁想问问那些"结构队"的社会学家："如果你们已经身为父母，你们又是如何将自己的专业信仰应用于自己的育儿实践中的呢？"我们可以猜想这些来自"结构队"的父母所采用的教育子女的方法，依旧是其他受过高等教育的中上阶层父母所采用的那种"密集型育儿"法。也就是说，他们可能会鼓励孩子为本周的拼写测试用功学习，并告诉他们取得好成绩很重要，因为好成绩会帮助他们进入好大学，而大学教育又会为他们带来好工作和有保障的未来。他们很可能不会向孩子们说明，拼写测试几乎无关紧要，因为他们生来就处在一个优越的社会阶层，且未来注定一片坦途。如果说社会结构已经不可动摇，那为什么还要强调在学校取得成功的重要性呢？

社会学声明具有可预测性,而这种可预测性也伴随着代价。尽管社会学内部阵营间的差异对社会学学者而言似乎很重要,但由于社会学意识形态的同质性,这些差异在社会学之外的人看来,几乎是不可见的。相反,他们会预测,社会学家都会站在自由主义的立场。这种可预测性不仅使得社会学在外人看来枯燥乏味,而且他们会更容易忽视社会学家提出的观点。

自我批判的重要性

正因为我们知道研究者的期望会影响他们的发现,所以社会学家一定要对自己的研究进行批判性思考,这样才能确保他们的研究结果不会在无意之中被自己的期望影响。理想情况下,他们的同人(社会学家的学术团体)会通过质疑他们的研究来为其提供助力;同时,在通往发表的道路上,还有编辑和同行审稿人负责把关,他们的职责就是对研究提出批判。然而,由于当代的社会学已经分化成了诸多不同的阵营,再加上社会学中意识形态同质化的问题,因此,编辑和同行评审员往往会认同作者的研究假设和方法。尽管没有什么可以阻碍这些人去认真地履行自己作为批判者的职责,但我们依旧不难预料，这样的安排也许并不可行。

近年来一直都有一种学术丑闻，即在社会科学学科和人文学科的期刊上出现了一些通篇胡言乱语的论文。其中有一些论文，一旦被发表，作者就会马上幸灾乐祸地跳出来，说他们只不过是在搞恶作剧，想以此来愚弄那些接受了自己那胡说八道的论文的审稿人。这些例子都表明，社会学在提高批判的严谨性方面，还有很大的改进余地。

批判性思维小贴士：

· 研究者的期望会影响他们的发现。

· 期望对社会学家来说，是一种巨大的挑战，因为他们研究成果的传播受众在学术思维和意识形态上往往是同质的。

第十四章

棘手的研究主题

讲到现在，想必你已经明白，所有社会科学的论点都可以受到（且可能会受益于）批判性思维的批判。在社会学及相关学科中，论点往往会出现在已发表的研究报告中，并且所有研究都涉及做出选择，包括对测量方法、比较方式、证据内容的选择。针对上述任何一点，批判者最好都要提出这样一个问题：研究者的选择是否可能影响或扭曲他们的研究结果，理智的人应该对其研究结果产生质疑。

提出这样的问题是完全合理的。虽然我们有时会认为，科学进步是稳定的、平顺的、必然的，但事实其实更为复杂。科学进步的发生总是不规律的。所有科学学科的发展历史都充满了崎岖波折。对每门学科而言，新思想都伴随着更有力的证据出现，曾被视为理所当然的真理被推翻。批判性思维在这一过程中起着至关重要的作用，它通过挑战公认的研究成果，帮助学科更好地理解其主题。这种批判有助于科学家将一些思想视为错误或误导，同时鼓励人们开拓其他更具潜力的思维路径。

那些最终被抛弃的思想曾经也有一群拥护者，这群人相信这些思想并产出了似乎支持这些思想的研究结果。你不妨停下来想想那些曾抵制新思想的人，还有那些捍卫过在当今看来是错误观念的人。但回过头来你也要认识到，抵制新思想和变革也不总是错误的。我们虽然会记得那些推翻了传统智慧的新思想，但也有很多新思想最后没有成功，这些思想可能曾经短暂地流行过，但很快就消失了。换言之，在任何时刻，拥护变革和支持维持现状的人都同时存在，而站在不同立场的每一方最终都会赢得几场辩论。但随着时间的推移，证据会最终决定哪些思想会留存，哪些思想会消逝。

这样的过程令人欣慰，因为这表明了真相（表现为更强有力的证据）才是最后的赢家。当我们与先前的辩论拉开距离时，更容易以这种"后见之明"的视角来看待这一过程。相反，距离越近，我们的思绪就越不冷静。因为人们对自己所持的立场倾注太多，所以批判性思维才变得极为重要，尤其是用批判性思维去质疑某些被普遍接受的思想时。

这样的过程也在搅动着当代社会学。在这样一门意识形态同质性严重的学科中，共识可能过于广泛，以至于质疑共识变得很难。

文化浪潮

文化和社会结构一直处在变化之中：先进的通讯工具可以更快地传播思想；新的技术改变了社会安排；存在已久的假设遭到推翻。我们很容易认为这些变化都是积极的。纵观全球，人类的整体识字率提高，生育率下降，预期寿命提高。我们可以看到，这些变化影响了大量的人（尽管并不是平均地影响到每个人或同时影响到所有人）。同时，这些社会变化虽然起初可能会受到抵制，但最终都会获得相当广泛的支持，并被普遍视为社会进步的证据。

这些变化可被看作是在被人们普遍接受的文化大浪潮中发生的。其中一个相对较新的例子是互联网，尽管人们可能会抱怨互联网存在某些方面的问题，但绝大多数人依然非常依赖它。互联网从一种新奇事物迅速发展为一种被视为理所当然的存在,同时也成了我们当今生活的一个基本特征。可以说,互联网已经被人们普遍接受,且这一点似乎不太可能改变,至少在更高级的通信系统出现之前是这样。

还有一些变化只影响了社会的一小部分群体,比如社会学家。新的概念、新的理论观点、新的方法论技术不断涌现,而其中的一些概念、理论观点、方法论技术在社会学学科内(或者说至少在个别学术阵营内)受到了青睐并广泛传播。在很多情况下,这些变化都是专属于社会学学科的,因为这些新事物(至少在最初)与社会学之外的领域几乎没有关系。但社会的大发展却一样可以影响社会学这个小圈子的平行发展。例如,由于20世纪70年代初期妇女问题重新受到关注(当时被称为"妇女解放运动"),因此,当时的社会学家更关注当时所谓的"性角色"(sex role)的概念,并很快就将这一概念的定义替换为"性别"(gender)。

这样的变化会激起社会学家极大的兴趣和热情。新思想会产生很多影响:一旦社会学家采纳了新思想,就有了可以探索的有趣的新话题,继而就会开展各种新研究。在某些情况下(例如,引入了复杂的统计学技术),新思想的影响范围可能是有限的,除了采纳新思想的这一学术阵营之外,很少有人会关注他们取得的进展。但是在宏观社会的变化会影响社会学学科的情况下，新思想的影响范围可能就会非常地广泛。因此我们才看到，宏观社会对妇女问题的新关注影响了整个社会学学科的学者。而在之前的几十年，妇女问题一直都只是归在家庭社会学的范畴里。于是，那些研究正式组织的社会学家开始思考妇女在这类组织中的位置；研究越轨行为的社会学家也开始关注女性作为越轨者和越轨受害者的经历。很快我们就发现，透过性别的视角来看待大多数话题，以及批评其他社会学家的分析没有考虑性别因素，已经变得司空见惯。

这种文化浪潮的影响，会因为社会学意识形态的同质性而增强。争取公民权利、妇女权利和男女同性恋权利等运动的最大支持者就是政治自由主义者。此外，他们还获得了认同这些运动的社会学家的大力支持。

文化浪潮的影响变成了一种理所当然，而我们也很难让我们的社会退回到过时和错误的道路上去（我们对这种可能性的焦虑，反映在各种后世界末日和反乌托邦故事中，这些故事所讲述的都是人类在文明崩塌之后的世界中苦苦挣扎）。文化浪潮创造了关于事物应将如何运作的新假设，而这些新假设会在整个社会（当然还有社会学）中掀起轩然大波。

好人和坏人

最近的文化浪潮（尤其是为各种弱势群体争取权利的运动）已经在社会学中产生了十分深远的影响。社会分层一直是社会学关注的核心问题，但社会结构（基于阶级、地位、种族和性别的社会关系）越来越多地被理解为旨在反映权力的差异。一些让人可以自然联想到权力的术语，如精英、剥削、支配，更常出现在社会学文献中。许多社会学家理所当然地认为，他们应该同情弱者，同情那些受到他人权力压迫的人。

这种转变导致许多社会学家将注意力集中在早期被称为"受害者有罪论"的受害和脆弱性的问题上。虽然"受害者有罪论"这个术语是由心理学家创造的，但社会学家欣然地采用了它。其中心思想是，在一个以严重不平等为特征的社会中，机遇少的人往往会做出代价高昂的选择，如辍学、吸毒或犯罪，而这些选择可能会使他们的处境更糟。传统社会可能会将这些人的错误选择归咎于他们本人，但也有一种不同的观点认为，这种指责是错误的，因为他们本身已经就是受害者了（他们被给他们人生设限的社会所伤害），所以我们应该将责任归咎于对他们不利的阶级制度。

显然，社会学家十分认同这种强调社会安排重要性的观点。与此同时，出现的一种兼容的文化浪潮，引起了人们对受害者身处的社会环境的关注，其中包括反对各种形式的虐待（例如虐待儿童和老人）的重要运动；旨在为强奸和其他罪行下的受害者提供更多支持的受害者权利运动；犯罪学学科中"被害人学"（victimology）的兴起。讨论受害者已呈风靡之势。

这种对受害者的关注体现了一种情节剧的视角（详见第十三章），剧中的受害者被视为脆弱、软弱、值得被理解和同情的对象。一些社会学家似乎认为责备受害者就是一种逻辑谬误，并将其视为一种推理上的错误。这确实是一个站得住脚的立场，但我们也应该承认，我们还可以基于其他假设来进行社会学研究。例如，研究青少年犯罪的社会学家曾描述过的所谓的"好孩子问题"。也就是说，我们总是可以看到，有一些孩子虽然在不利的环境（比如贫民窟）中长大，尽管这种环境总与犯罪相关联，但他们依旧可以避免成为罪犯。也就是说，他们是"好孩子"。换言之，所谓"犯罪是由这样的结构性条件造成的"这种说法实属言过其实。如果在贫民窟长大就会成为罪犯,那我们又如何解释那些出身贫民窟却没有犯罪的孩子呢?如果社会学家指出"受害者有罪论"的问题在于它忽视了社会结构的作用,那么这些"好孩子"的存在则会提醒我们,这种作用是有限的。

我们还可以举出许多类似的例子。例如,大量证据表明,在收入最低的 20% 的家庭里长大的儿童中,有相当一部分在成年后依旧留在收入最低的 20% 的家庭中,并非每个人都能实现梦想并取得成功,这一事实有时会成为对美国社会制度的有力控诉。然而,这种批判忽视了一个证据:大多数在收入最低的 20% 的家庭里长大的孩子在成年后,确实实现了阶级跃升,我们可以认为他们是向上奋进的"好孩子"。正如社会结构导致犯罪的作用可能会被夸大一样,社会结构阻碍社会流动的作用可能也被夸大了。

"结构队"的观点当然有他们的道理。个人的童年环境确实使得人们在社会阶层上向上移动要比留在原地更难。我们可以想象出其中的很多原因:歧视和偏见等障碍可能会阻碍人们努力向上攀爬;那些背景单薄的人获得资源(例如好学校)的机遇更少;个人倾向于围绕自己已经熟悉的环境来规划生活。由于许多考进大学的学生都认为,美国是一个特别开放的社会，生活在其中的任何人都可以"成功登顶"，因此教授《社会学入门》课程的老师长期以来一直都认为他们有责任向学生说明，美国人实际的社会流动性要比学生们想象得更小。与此密切相关的是该学科对受害者和弱势群体的关注。然而这里存在着一种矛盾：由于态度上存在偏见，人们可能会忽视实际中虽有阻碍却依旧发生了的大量的社会流动。

对受害问题的关注也拓宽了人们对其内涵的理解。我们来思考一下"微歧视"的概念。顾名思义，"微歧视"就是指经常发生在面对面互动中被理解为贬低他人社会地位的小细节、措辞或手势。这个概念最常用于精神病学、心理学和教育学中，但是有一些社会学家也采用了它。其基本思想是，人们可能会遇到一些不易察觉的、细微的歧视行为而成为受害者，从而感到压抑或被孤立。大多数情况下，关于微歧视的讨论通常涉及种族或民族问题，但这一概念现已应用于性别和性取向的问题，还被应用于其他被视为易受伤害的人群。某种行为是否可以被定性为微歧视完全取决于受害者的看法。也就是说，如果一句评论的出发点可能是友好的，但如果它被听话人解读为内含某种潜在的偏见，那么就可以将其归类为微歧视。例如,"你来自哪里"这句话可能被解读为是在暗示"你不属于这里"。

与"色盲"时代的种族主义一样,"微歧视"的概念赋予了研究者一种力量——即使被定性为加害者的人可能会否认自己的恶意,但研究者依旧可以确定受害的发生。请注意,这两个术语包含了"种族主义"和"歧视"这两个词,表明这两者都应该被理解为是令人不安的暴行。社会学家利用自身优势为我们提供了一个让人意想不到的视角,用研究对象可能不会选用的学术性措辞来解释社会生活,难怪"微歧视"这个概念已经成为一种潮流。但是我们不能想当然地使用这个概念,就像社会科学中的所有新思想一样,这一概念也需要成为批判性思维批判的对象。

最终,文化浪潮会影响学科思维,促进人们制定与该浪潮假设一致的研究问题,而忽视那些与该浪潮对社会和社会生活的描绘不太相符的其他主题。在一个有着特定且统一的研究兴趣的阵营中,某些思想很容易就能站稳脚跟。因此,我们也不难看到,在社会学这个意识形态同质化严重的学科中,这些思想即便没有被广泛采用,也可以得到包容。

归纳不平等的不同表现形式是社会学的重要组成部分,

也是整个社会科学的重要组成部分。但社会学的使命不仅仅是谴责不平等,追赶文化浪潮也并不能成为放弃社会学其他议题的理由。

禁忌

学科意识形态同质化还会造成的另一个更严重的后果是,社会学家可能会不愿意解决不应提出的研究问题。也就是说,社会学中存在着一些禁忌主题或一些潜在的禁忌发现。

一般来说,这些主题通常涉及种族、阶级、性别和性取向等热点问题。这些主题一直都是社会学家长期以来研究的对象。早期的社会学研究揭露了种族歧视和阶级结构所造成的危害,并力图解释这些制度下受害者的反应。对性别和性取向的不平等问题的研究兴趣稍晚一些才出现。在这些研究中,社会学家都认为歧视是错误的。

与此同时,社会学家力图记录不平等的证据。当然,有很多不平等需要被记录。几乎所有社会指标(收入、财富、预期寿命、教育程度等)都揭示了与种族、阶级、性别或性取向相关的规律,而社会学家(其中大多属于"结构队")都非常心安理得地将这些规律解释为是由社会结构安排所导致，同时驳斥（有时会进行得一发不可收拾）那些提出其他原因的解释。而且由于社会学内部存在意识形态同质化的问题，因此可以说，社会学家甚至就不该去考虑其他解释是否有意义。

我们来思考一下家庭结构与子女前景的相关性。政治保守派（他们在社会学中很少见）认为，由已婚男女及其子女组成的传统家庭给孩子带来了各种好处。但社会一直在变化，非婚生子越来越多，夫妻离异越来越多，因而更多的孩子生活在单亲家庭；此外，由同性恋伴侣抚养的儿童也越来越多。总的来说，对于这些导致儿童在不同家庭中长大的社会变化，社会学家持支持态度。然而，许多保守派担心，出身于这些非传统家庭的孩子会受到伤害，他们会在学校里遇到问题或遭受其他形式的伤害。

可能有人会想，这可以成为一个很好的社会学研究问题。确实有人做过这个方面的研究，但结果并不总是受欢迎的（这取决于结果所揭露的内容）。结果表明出身于各种家庭环境的儿童都一样表现良好的研究很容易被接受，但结果表明来自传统家庭的孩子有优势的研究就很容易不被看好。当然，这并不是什么新鲜事。挑战学科当前共识的发现总是会面临阻力，其中的一些发现无疑反映了对相关研究的价值的争议。但禁忌不一样，禁忌会试图通过阻止某些想法的表达来将辩论的机会预先排除在外。

显然，就研究者在测量、比较和证据方面的选择进行批判是完全合理的。在某些情况下，科学家可能会轻松地否定已经被彻底揭穿的断言，例如"地球是平的"。但这种否定存在一个前提，即科学家们已经就支撑"地球是圆的"的证据以及"地球是平的"这一断言所存在的缺陷达成了一致的意见。这与仅因研究结果与预期不符而否定该研究完全是两回事。

反思难点

批判性思维非常重要，因为它会让科学家用最有说服力的证据来构建知识。批判性思维也带来了挑战，因为我们常常认为自己已经知道了何为真理，并且会抵制甚至憎恨他人的批判。

同样的标准也适用于所有不同研究取向和不同研究阵营的社会学家。如果我们试图理解世界的本来面目（而不是我们希望它成为的样子），我们就需要批判性地思考我们自己的断言，同时也需要倾听和思考他人的批判。这往往是一个令人不适的、混乱复杂的过程，但这对于构建社会学知识而言至关重要。

批判性思维小贴士：

· 新知识常常会引发争议。

· 文化浪潮塑造了我们对新想法的开放态度。

· 将某些话题定义为禁忌会阻碍批判性思维。

后记

为什么批判性思维很重要

批判性思考可能会是一场孤独的旅行。毕竟，批判性思维不仅批判他人的想法，也批判自己的推理。受到批判并不好玩，甚至可能会令人沮丧。而要绕开批判性思维，却几乎总是更容易。

然而，批判性思维极其重要。要想取得进步，就需要认真思考并质疑那些别人告诉你的东西，怀疑那些已经被人们接受的知识。你不妨用批判性思维审视一下你身边的事物，当你在读这段文字的时候，你的身边依旧包围着各种亟待批判的事物，你的脑袋里也充满着各种熠熠发光的思想，而这些事物和思想都是科学进步的产物，也就是批判性思维的产物。依靠批判性思维，人类才有了今天的成就，如果人类想要在未来继续进步，批判性思维是不可或缺的。

参考文献

Allport, Gordon W. 1954. *The Nature of Prejudice*. Cambridge, MA: AddisonWesley.

Arum, Richard, and Josipa Roksa. 2011. *Academically Adrift: Limited Learning on College Campuses*. Chicago: University of Chicago Press.

Becker, Howard S. 1963. *Outsiders: Studies in the Sociology of Deviance*. New York: Free Press.

——.1986. *Writing for Social Scientists: How to Start and Finish Your Thesis, Book, or Article*. Chicago: University of Chicago Press.

Best, Joel. 2001a. "Giving It Away: The Ironies of Sociology's Place in Academia." *American Sociologist* 32, 1: 107–13.

——.2001b. "'Status! Yes!': Tom Wolfe as a Sociological Thinker." *American Sociologist* 32, 4: 5–22.

——. 2003. "Killing the Messenger: The Social Problems of Sociology." *Social Problems* 50, 1: 1–13.

——. 2006a. "Blumer's Dilemma: The Critic as a Tragic Figure." *American Sociologist* 37, 3: 5–14.

——. 2006b. *Flavor of the Month: Why Smart People Fall for Fads*. Berkeley: University of California Press.

——. 2016. "Following the Money across the Landscape of Sociology Journals." *American Sociologist* 47, 2–3: 158–73.

——. 2018. *American Nightmares: Social Problems in an Anxious*

World. Oakland: University of California Press.

Billig, Michael. 2013. *Learn to Write Badly: How to Succeed in the Social Sciences*. Cambridge: Cambridge University Press.

Bonilla-Silva, Eduardo. 2015. "The Structure of Racism in Color-Blind, 'Post Racial' America." *American Behavioral Scientist* 59, 11: 1358–76.

Brooks, David. 2000. *Bobos in Paradise: The New Upper Class and How They Got There*. New York: Simon& Schuster.

Brown, Kristi Burton. 2015. "10 Pro-Abortion Myths That Need To Be Completely Debunked." *LifeNews.com*, February 25, www.lifenews.com/2015/02/25/10-pro-abortion-myths-that-need-to-be-completely-debunked.

Buckingham, Cheyenne, Evan Comen, and Grant Suneson. 2018. "America's Most and Least Educated States." *MSN.Money*, September 24, www.msn.com/en-us/money/personalfnance/america's-most-and-least-educated-states/ar-BBNlBSS.

Cardiff, Christopher F., and Daniel B. Klein. 2005. "Faculty Partisan Afliations in All Disciplines: A Voter-Registration Study." *Critical Review* 17, 3: 237–55.

Cole, Stephen. 1994. "Why Sociology Doesn't Make Progress Like the Natural Sciences." *Sociological Forum* 9, 2: 133–54.

——. 2006. "Disciplinary Knowledge Revisited: The Social Construction of Sociology." *American Sociologist* 37, 2: 41–56.

Collins, H. M. 2000. "Surviving Closure: Post-Rejection Adaptation and Plurality in Science." *American Sociological Review* 65, 6: 824–45.

Davis, Murray S. 1993. *What's So Funny? The Comic Conception of*

Culture and Society. Chicago: University of Chicago Press.

Davis, Sean. 2015. "7 Gun Control Myths That Just Won't Die." *The Federalist. com,* October 7, http://thefederalist.com/2015/10/07/7-gun-control-myths-that-just-wont-die.

Diamond, Jared. 2005. *Collapse: How Societies Choose to Fail or Succeed.* New York: Viking.

Dickson, Donald T. 1968. "Bureaucracy and Morality: An Organizational Perspective on a Moral Crusade." *Social Problems* 16, 2: 143–56.

Eisner, Manuel. 2003. "Long-Term Historical Trends in Violent Crime." *Crime and Justice* 30: 83–142.

Embrick, David G., Silvia Domínguez, and Baran Karsak. 2017. "More Than Just Insults: Rethinking Sociology's Contribution to Scholarship on Racial Microaggressions." *Sociological Inquiry* 87, 2: 193–206.

Federal Bureau of Investigation. 2018. *2017 Hate Crime Statistics,* Table 12. Available at https://ucr.fbi.gov/hate-crime/2017/topic-pages/tables/table-12.xls.

Fine, Gary Alan, and Daniel D. Martin. 1990. "A Partisan View: Sarcasm, Satire, and Irony as Voices in Erving Goffman's *Asylums.*" *Journal of Contemporary Ethnography* 19, 1: 89–115.

Fischer, David Hackett. 1970. *Historians' Fallacies: Toward a Logic of Historical Thought.* New York: Harper& Row.

Furedi, Frank. 2016. "The Cultural Underpinning of Concept Creep." *Psychological Inquiry* 27, 1: 34–39.

———. 2018. *How Fear Works: Culture of Fear in the Twenty-First*

Century. London: Bloomsbury Continuum.

Gilson, Dave. 2013. "10 Pro-Gun Myths, Shot Down. *Mother Jones.com,* January 31, www.motherjones.com/politics/2013/01/pro-gun-myths-fact-check.

Glaser, Barney G., and Anselm L. Strauss. 1967. *The Discovery of Grounded Theory: Strategies for Qualitative Research.* Chicago: Aldine.

Goffman, Erving. 1952. "On Cooling the Mark Out: Some Aspects of Adaptation to Failure." *Psychiatry* 15, 4: 451–63.

——. 1961. *Asylums: Essays on the Social Situation of Mental Patients and Other Inmates.* Garden City, NY: Doubleday Anchor.

Goldacre, Ben. 2012. *Bad Pharma: How Drug Companies Mislead Doctors and Harm Patients.* London: Fourth Estate.

Gross, Neil, and Solon Simmons. 2014. "The Social and Political Views of American College and University Professors." In *Professors and Their Politics,* ed. Neil Gross and Solon Simmons, 19–49. Baltimore, MD: Johns Hopkins University Press.

Gubrium, Jaber F., and James A. Holstein. 1997. *The New Language of Qualitative Method.* New York: Oxford University Press.

Harrington, Anne, ed. 1997. *The Placebo Effect: An Interdisciplinary Exploration.* Cambridge, MA: Harvard University Press.

Harris, Scott R. 2014. *How to Critique Journal Articles in the Social Sciences.* Thousand Oaks, CA: Sage.

Haslam, Nick, Brodie C. Dakin, Fabian Fabiano, Melanie J. McGrath, Joshua Rhee, Ekaterina Vylomova, Morgan Weaving, and Melissa A. Wheeler. 2020. "Harm Inflation: Making Sense of Concept Creep." *European Review of Social Psychology* 31, 1: 254–86.

Herman, Arthur. 1997. *The Idea of Decline in Western History*. New York: Simon& Schuster.

Janis, Irving L. 1982. *Groupthink: Psychological Studies of Policy Decisions and Fiascoes*. Boston: Houghton Mifflin.

Kohler-Hausmann, Julilly. 2007. "'The Crime of Survival': Fraud Prosecutions, Community Surveillance, and the Original 'Welfare Queen.'" *Journal of Social History* 41, 2: 329–54.

Lakoff, George, and Mark Johnson. 1980. *Metaphors We Live By*. Chicago: University of Chicago Press.

Laposata, Elizabeth, Allison P. Kennedy, and Stanton A. Glantz. 2014. "When Tobacco Targets Direct Democracy." *Journal of Health Politics, Policy, and Law* 39, 3: 537–64.

Lareau, Annette. 2011. *Unequal Childhoods: Class, Race, and Family Life*. 2nd ed. Berkeley: University of California Press.

Lee, Murray. 2007. *Inventing Fear of Crime: Criminology and the Politics of Anxiety*. Cullompton, Devon, UK: Willan.

Merseth, Katherine K. 1993. "How Old Is the Shepherd? An Essay about Mathematics Education." *Phi Delta Kappan* 74 (March): 548–54.

Mills, C. Wright. 1959. *The Sociological Imagination*. New York: Oxford University Press.

Mosher, Clayton J., Terance D. Miethe, and Dretha M. Phillios. 2002. *The Mismeasure of Crime*. Thousand Oaks, CA: Sage.

Nardi, Peter M. 2017. *Critical Thinking: Tools for Evaluating Research*. Oakland: University of California Press.

National Academies of Sciences, Engineering, and Medicine. 2018. *The Safety and Quality of Abortion Care in the United States*.

Washington, DC: National Academies Press. Available at http://nationalacademies.org/hmd/reports/2018/the-safety-and-quality-of-abortion-care-in-the-united-states.aspx.

National Center for Statistics and Analysis. 2018. *2017 Fatal Motor Vehicle Crashes: Overview.* Traffic Safety Facts Research Note. Report No. DOTHS 812 603. Washington, DC: National Highway Traffic Safety Administration.

Neem, Johann N. 2019. "On Critical Thinking: We Can Only Think Critically about Things about Which We Have Knowledge." *Hedgehog Review Blog,* August 13, https://hedgehogreview.com/blog/thr/posts/on-critical-thinking.

Ogden, Jane. 2019. *Thinking Critically about Research: A Step-by-Step Approach.* New York: Routledge.

Parkinson, C. Northcote. 1957. *Parkinson's Law, and Other Studies in Administration.* Boston: Houghton Mifflin.

Pease, John, and Rytina, Joan. 1968. "Sociology Journals." *American Sociologist* 3, 1: 41–45.

Peter, Laurence J., and Raymond Hull. 1969. *The Peter Principle: Why Things Always Go Wrong.* New York: Morrow.

Pinker, Steven. 2018. *Enlightenment Now: The Case for Reason, Science, Humanism, and Progress.* New York: Viking.

Pluckrose, Helen, James A. Lindsay, and Peter Boghossian. 2018. "Academic Grievance Studies and the Corruption of Scholarship." *Areo,* October 2, https://areomagazine.com/2018/10/02/academic-grievance-studies-and-the-corruption-of-scholarship.

Reckless, Walter C., Siom Dinitz, and Ellen Murray. 1957. "The

'Good Boy' in the High Delinquency Area." *Journal of Criminal Law, Criminology, and Police Science* 48, 1: 18–25.

Redding, Richard E. 2013. "Politicized Science." *Society* 50, 5: 439–46.

Robin, Ron. 2004. *Scandals and Scoundrels: Seven Cases That Shook the Academy.* Berkeley: University of California Press.

Robinson, W. S. 1950. "Ecological Correlations and the Behavior of Individuals." *American Sociological Review* 15, 10: 351–57.

Rosenthal, Robert. 1966. *Experimenter Effects in Behavioral Research.* New York: Appleton-Century-Crofts.

Rosenthal, Robert, and Lenore Jacobson. 1968. *Pygmalion in the Classroom: Teacher Expectations and Pupils' Intellectual Development.* New York: Holt, Rinehart& Winston.

Ryan, William. 1971. *Blaming the Victim.* New York: Pantheon.

Scherker, Amanda. 2015. "10 Abortion Myths That Need to Be Busted." *Huffington Post,* January 22, www.hufngtonpost.com/2015/01/13/abortion-myths_n_6465904.html.

Selvin, Hanan C. 1958. "Durkheim's *Suicide* and Problems of Empirical Research." *American Journal of Sociology* 63, 6: 607–19.

Shiller, Robert J. 2015. *Irrational Exuberance.* 3rd ed. Princeton, NJ: Princeton University Press.

Smith, Tom W. 1992. "Changing Racial Labels: From 'Colored' to 'Negro' to 'Black' to 'African American.'" *Public Opinion Quarterly* 56, 4: 496–514.

Sokal, Alan, and Jean Bricmont. 1998. *Fashionable Nonsense: Postmodern Intellectuals' Abuse of Science.* New York: Picador USA.

Sorokin, Pitirim. 1956. *Fads and Foibles in Modern Sociology and Related Sciences*. Chicago: Regnery.

Toulmin, Stephen Edelston. 1958. *The Uses of Argument*. Cambridge: Cambridge University Press.

Waiton, Stuart. 2019. "The Vulnerable Subject." *Societies* 9: 66.

Zygmunt, Joseph F. 1970. "Prophetic Failure and Chiliastic Identity: The Case of Jehovah's Witnesses." *American Journal of Sociology* 75, 6: 926–48.